# 序言

## 序一　遥看永恒，细品尽欢

沈海滨

昨日在一个大型的集会中，巧遇心明兄，未及询问近况，我这位半世纪的旧交，神秘兮兮地塞在我手中一卷手稿。一如以往的他，话不多，出口就要人命：你答应我的，看过初稿就该写给我……

在那个没有 Wi-Fi 和 GameBoy 的时代，我们一同成长，只是心明兄自幼就有拔群之势；玩伴昵称他是老夫子。白驹过隙之间，心明兄亦友、亦夫子地和我们都过了耳顺之年。

展开一页页打印出来的初稿，文中夹杂着无数的"更正"与"加注"。心想，我这位老兄还像当年一样，追求完美，不肯苟且。记得心明嫂慧珠君在餐聚中常戏语：他可以改江山，不可以改……慧珠嫂是老夫子背后的推动摇椅的手。秀外慧中的她，在美国一家极知名的跨国信用卡公司 Capital One 担任高级主管二十多年，是一位十足的尖端科技女强人。他们俩双方亦是最佳的彼此粉丝倾慕者，在同侪之间是公认的令人羡慕的一对佳偶。

放下手中厚厚的文稿，夜已过了初更。心明兄真的是“与君歌一曲”，细细倾耳听后，不禁轻呼过瘾。杯中的普洱早已凉透，心里的醉意却正浓。全卷处处暗藏惊喜，一首脍炙人口的古诗，落在老夫子的手里，可以惊叹唏嘘于歌赋之间不说，更可以游刃有余于E世代的管理实务，令人击掌兴叹。

全文篇篇值得反复品味，回味无穷。像我今夜这种狂饮式的先睹为快，还真的有点催人早醉。

岑夫子，丹丘生，太白居士幸得好友相左，方能“杯莫停”。今天拜读心明兄新作，心中暗忖，两鬓斑白的幼时玩伴要比昔日的青莲先生幸运多了。因为，手中的这本佳作，不仅可以让岑夫子、丹丘生邀月，还可以请千百读者遥看永恒，近察无限，细品尽欢，拒绝空樽对月……

这只是主菜单的小缩影。敬待诸君开卷……

（作者为资深自由撰稿人）

# 序二　品出并活出一个丰盛和谐的人生

王生台　王嘉陵

当心明兄向我提起他正在写作的这本书时，我光是看着他所写的纲目，居然将李白那首与好友登高宴饮，既豪迈又洒脱的《将进酒》的每一节，都化出了十个对人生的写真，不尽感叹心明“十全十美！十(实)在稀奇”的才思！

14年前，我辞掉稳定的工作，抛下豪宅，只身来到美国南加州做服务人群的无薪义工，住在一栋陈旧的公寓二楼。后面的小巷子，半夜偶有警车闪灯鸣笛，逮捕贩毒分子。我卧室的窗玻璃上还留着一个弹孔。夏天炎热时，热气从天花板逼下来，使我无法坐着看书写作，必须趴在已经褪色的地毯上来读、来写，如此可以略微享受那略低几度的室温。

就在这时，心明也从美国东岸来了。他跟我一样抛下豪宅，离开东岸的维州，就住在我的隔壁。值得一提的是，我们的内人都是事业上非常有成的女强人，但她们俩都十分支持他们先生一股执著服务人群的理想。心明的夫人当时在伦敦，是Capital One信用卡公司欧洲地区的副总裁，我太太则在日本，做IBM的亚太地区副总裁。虽然我们两对夫妻是饱受异地相思的煎熬之苦，但在彼此的鼓励下，我们相依为伴的生活却过得十分豪迈。

心明精于各种才艺，人生历练深厚，在大学当过会计教师，在中国信托银行服务过，开过画廊，办过杂志，还在维州经营过三家生意兴隆的餐馆。我呢？理工出身，在加州州政府做了多年的公务员。两个不同的人，却都喜爱艺术，钟爱文学书法，但他对中国文化的浸润程度比我深厚得多了，谈话中，诗词典故经常脱口而出。

心明因为喜爱艺术的嗜好，使他在人生中有一个美妙的意外收获：他年轻时即多才多艺；在适婚年龄时，有许多人为他介绍对象，他都没有兴趣。后来，有位挚友问他是否对一位精通艺术、绘画的女孩有兴趣？他当时立刻被这个喜欢"艺术、绘画"的女孩吸引了，愿意见面。见了面感觉非常好，但后来才发现这女孩是在一家建筑公司工作，学的是物理，画的是"电路图"，虽然跟艺术的绘画有天壤之别，但两人已经来电了。"绘画艺术"这个阴错阳差的红娘，居然帮他们夫妇牵了令许多人羡慕的一世姻缘。

心明人生经历丰富，不但口才好，语言幽默，待人亲切，文章写得好，字也写得好，连在忙碌的工作中，放下笔杆随手炒个小菜，都是非常可口。事隔多年，每当想起他做的菜时，一直还是口颊生津。

李白的《将进酒》气度磅礴，既豪放又悲壮；虽愤世却昂扬奋发，以飘逸潇洒的眼光透视人生之苦短，以挥洒淋漓之笔倾诉出奔放的情思。一千多年来，多少人读之，都不禁被这诗中的情境所感染。但心明以绝然不同的角度来描绘这首诗的情境，细读之中，犹如品酒之甘醇；虽为皇皇巨著，但比他随手炒出来的美味更能引人入胜，还为人生开了崭新的视野，既能使人开广胸襟，开扩气度，又能步履21世纪的时代风潮。

这就是心明兄的才艺！实在高明！

希望您能借着这本书，品出并活出一个丰盛、和谐的人生。

**2010岁末于飘雨中**

# 序三　解读传奇愚心明

陈思宁

心明兄大作问世,有幸先读为快,再一次感受到他的传奇。

说心明兄传奇,最起码源于两方面的原因:一是他基本滴酒不沾,但开篇谈酒,纵论古今,洋洋洒洒数十万言,且见解独到,文采和豪情飞扬,使我这个粗通古诗文,熟背《将进酒》,饮得二两五,但思有不逮、文又不及的人惊叹不已;二是他和我合作办学的经历匪夷所思。

先从我们合作办学说起。

我和心明兄素昧平生,一个在大洋彼岸的美国,一个在苏北县城的学校,非亲非故,也没有任何联结我们关系的渠道和纽带。2006 年底的一天,有人说一个从美国来的人要见我,谈合作办学的事,我感到很突兀,也没有拿这当回事。后来见面了,见是一个儒雅而有风度的绅士,态度温和,声音浑厚而有磁性,先自有了三分好感。见面后,他直接了当地表达了想在教育方面做些事的意愿。

我把他带到选址办学的地方(当时是县城边上的一片荒野),告诉他学校前期筹建的一些情况,有可行性的分析,也有不测因素的提醒。他当即表态:同意投资合作办学;相信我办学的能力;作为新马高中的创建者之一,他愿意为学校发展做自己力所能及的事情。我很讶异,一是讶异于他的果决,二是讶异于他对于事情判断的直觉,三是讶异于他对人的信任和真诚,四是讶异他对教育的倾情。当时，我实在没有拒绝他的任何理由。就这样，两个素不相识的人，第一次见面，谈这么重大的事情，竟然一拍即合，并且一路走来，仅用三年半的时间，就把学校办得风风火火。

目前办学总投入已超一亿元，高中在校生达4700多人，第一届毕业生参加高考，本科达线数就进入本地区省重点中学的水平，三个同学被世界排名前100位的外国名牌大学录取。而心明兄利用他广泛的国际资源，除了为我们带来了美国的学者加盟新马高中之外，还经常带领美国许多著名大学的教授、文化名人及美国大学生代表团来校访问交流，为新马高中的国际化办学添彩加分，使之在苏北地区独树一帜，影响广泛。您说，这是否算得上匪夷所思的传奇。

再说说心明兄的酒与书。

年前，心明兄拿出厚厚一沓《品酒话人生》的书稿，我感到不可思议。当我拜读了书稿的内容，更是惊诧得目瞪口呆。惊诧之处有两点：

一、心明兄之于酒，可谓前世无缘。中国大陆酒风盛行，成为时尚，成为文化，一般人行走社会做事情，常常未能免俗。心明兄也是性情中人，学养深厚，富有才情，社交场所中也算达人，也够潇洒；唯有一上酒桌，优势全无：不管遇到达官显贵，还是挚朋好友，只能退避三舍；若遇酒友较真，只能虚晃一枪，落荒而逃。这样一个与酒无缘的人，应该对酒的滋味、酒的文化、酒的历史、饮者的感受比较隔膜吧。但是，就是这个酒的门外汉，居然奉献给读者一本“酒味”浓厚的大作，不由得令人啧啧称奇。

二、心明兄对于以《将进酒》为代表的中国古代酒的文学、文化与历史的独到参透与理解令我惊叹。我大学的专业就是中文，在中国古典文学中，尤爱以李白为代表的盛唐诗歌。但在中国大陆的大学课程中，由于上世纪50年代开始受前苏联文学理论的影响，对于古典文学的理解，常常囿于一种公式化思维：文学一律分为两种风格、两个流派——浪漫主义和现实主义，文学作品的主题一般都过分强调它的社会性、阶级性、斗争性。如李白的《将进酒》，老师一般将他归入浪漫主义一派，主题则是表达作者对社会现实的哪些哪些不满，抒发作者内心的愤懑。

但是，看了心明兄的《品酒话人生》，顿感耳目一新。他以一种全新的视角解读《将进酒》，并且把古诗的主题跟当今的现实紧密联系起来，古诗新说，借题发挥，赋予它全新的时代意义。

尤其以《将进酒》十五句诗为标题，一句一个主题，生发开去，娓娓道来，真是丰富极了，精彩极了。其中对宇宙、人生永恒与有限的探讨，使我们感受到它的深邃；对给予与索取、乐天与奉献的讨论，使我们感受到它的劝善；对财富和欲望、监督与自醒的阐释，让我们感受到它的警世；对“勇敢”、“盼望”、“豪迈”、“鼓舞”的人生的理解，使我们感受到它的鼓励；对绿化与环保的呼唤，使我们感受到它的时代性；对和谐社会、大同世界的向往，使我们感受到它对于我们国家、民族和未来的期望和信心。一曲《将进酒》，被心明兄解读得这么新鲜而透彻，演绎得这么丰富而深刻，怎能不令我惊叹呢？

心明兄不仅学养深厚、文采飞扬，除文学素养极深之外，他的口才极佳。他思路清晰、言语中肯，且谈笑风生，常常有神来之笔的即席发挥。听他演讲、说书，看他的肢体语言风采，那更是一种享受。希望本书问世之后，并藉着心明兄的“人生讲座”，在读者人群里，能觅到真正品酒话人生的知音，使美酒与美文共伴一世，也让物质和精神食粮同养人生；使“饮者”在享受美酒的同时，也接受酒文化的熏陶，进而弘扬我中华民族的优秀文化。这岂不令人乐乎！同时，更希望传奇的心明兄，再续写另一传奇的故事。

2011 年春节于三味斋

**（作者为江苏省淮安市新马国际高级中学校长）**

# 自序　一曲《将进酒》,杯酒话人生

愚心明　葛慧珠

饮酒想起诗,赋诗想起酒。一曲《将进酒》,杯酒话人生。

李白虽已去,酒中诗,诗中的人生还依然回响在我们的耳边。

民以食为天,食以酒为先。今天,人们物质生活丰富,饮酒成为日常生活之一。饮食如果少了酒,就如汽车缺少了安全气囊,总会有一种隐隐的遗憾和忧虑。或亲朋好友环坐,或领导同事相邀,或旧日同学相请,或情人间烛光下小饮微酣,或独自对月独酌……面临现代社会日益加快的生活节奏和巨大的生活压力,现代人更加渴望精神层面的交流。人们在提高生活水平的同时渴望提升自己的生活质量;要学会关爱自己,关爱人生,学会放松,从快节奏进入到悠然自得的自由之境。

但无论是美味的水酒,还是人生这杯酒,只要端起来,就要如同李白挥挥洒洒的《将进酒》所言:将进酒,杯莫停!只是有的人是喝,有的人是品。一杯杯佳酿入喉,喝的不仅是甘洌的酒,喝的也是人世间的风风雨雨,百态中的苦辣酸甜。如果只是为了一醉方休,只是贪图暴饮暴食,就失去了饮酒的天然趣味。

不懂酒的人不懂人生。我们需要再读一遍《将进酒》,体味李白酒气中的半个盛唐,勘察那酒中的人生。

人生如酒,充满了浪漫,充满了燃烧的渴望,哪怕是生命中的绝唱。人们爱酒,酒不但能点缀生活,还能升华情感。但再有量的人也有喝晕头的时候,再沉寂的人也会在酒中感慨良多。从人生中看酒，从饮酒中体味人生；品酒的人，知道适可而止。诗仙李白如是，以酒入诗，以诗言志。今天的我们，如果只是庸俗地醉酒而归，就失去了中国酒文化的内涵。一种文明的传承，需要一个载体。若在饮酒中品味了人生，酒就升华成了人生的一个载体。酒，不仅醉了人，更醉了酒中的人生。

今天的酒桌，觥筹交错，酒的种类繁多，品质多样。但是酒分档次，有新酒、有陈酿、有真品、有假货；人生分品味，有高尚、有平庸、有真诚、有卑劣。举杯前，该圆睁双目，认清商标；轻啜时，该提高警觉、细辨酒味！

人生如酒，种种包装，恰如人生，千姿百态。看外表辨不出真伪，不品不知其味。每个人都希望自己是陈年佳酿，入口绵延芬芳，可佳酿是时间的沉淀，是岁月的洗礼。每个人都有渴望，都对人生有追求。有的人从五谷米粮做起，有的人从简装做起，在远大的理想追求中，逐步地完善自我，最终变成一瓶精装的珍贵之酒；有的人走了捷径，弄个包装成了假酒，看似光鲜亮丽，一经品尝，立刻暴露，轻者亲朋离去，名誉扫地，重者触犯法律，锒铛入狱。

李白称酒为“君子”，不仅是因为能从饮酒中勘察自我的人生，还因为能从饮酒中品察世人的人生。君子之交，酒味清淡，似有若无；不醉人，也不腻人。微风轻拂时会不经意地想起它，凄风苦雨时也可以凭借它挡住那汹汹涌来的愁绪。

这样的饮酒，才能杯酒看人生，诗酒对年华；才能和李白一道，在酒中高唱人生，在人生的路上端杯赋一曲感人心扉的《将进酒》。

本书之出版，特别承蒙秀峰、周欧、书朋、韩峰等同学的协助整理，一并致谢！

# 前言

在写作这部书之前，作为一个旅居海外多年的华人，我对中国古老的传统和博大精深的文化一直抱着一种敬畏之情。虽然我离开台湾时，已经是一名青年，但是我的学识仅仅是能够窥见中国文化的冰山一角。

从幼小时父辈们的思乡沉思，海外生活中的中国元素的频现，到我游历世界时的感触，中国文化的魅力时刻展现在我的脑海中，总有一种冲动，想在合适的时间表达出来。

近年来，我因为事务原因，常常需要到中国大陆，也因此有机会结识许多知识渊博的人，真切体验中国传统文化的渊博，尤其是中国的酒文化。在中国大陆，饮酒是生活中重要的一部分，这既令我感到惊奇也令我有些许的疑惑。不仅仅是官场人士喜欢在觥筹交错之间增进感情，普通的百姓也喜欢在酒桌上推杯换盏。在大陆，没有酒水的餐馆很少，凡宴必见酒，这已经成为一种默许的共识。

由此，在美酒林立的餐宴中，我也对酒的力量和中国传统的酒文化有了一定的认识。仿佛在酒的面前，人人都能够平等。无论老幼，无论地位高下，无论心情如何，只要端起酒杯，人生的不为人知的另一面都会情不自禁地展示出来：有些人平素不喜言谈，杯酒下肚，立刻滔滔不绝；有些人深沉如老者，喝酒之后，活泼如孩童；有些人温文尔雅，喝酒之后，豪气冲天；有些人循规蹈矩，喝酒之后，却变得莽撞冲动……但更多的是，人借酒劲，酒凭人气，令人能够热血振奋，颇有“指点江山、激扬文字，粪土当年万户侯”的气慨！

这令我不禁想起历来为中国人称颂的诗仙李白，特别是他的惊世之作《将进酒》。虽然处在不同的时代，经历不同的体验，但都在饮酒中直抒胸臆，感叹人生。古为今用，在今天看来，李白虽然喝的是古酒，但其中包含的人生哲理，依然适用。李白的酒中人生所展现的人生观、价值观、世界观，仍然对今天的我们有着深刻的启迪。

基于此，我们夫妇结合多年的人生经历与感悟，推出了这部小书。旨在能以借古喻今，能以给我们现在这个复杂而又丰富多彩的社会中的人们一点点人生的教益——使年长者能够发挥知识渊博、经历丰富的优势；使年壮者能够在人生路途中暂时停留，自我深思、自我感悟人生路途，为随后的人生增添心力和鲜活的动力；亦使生机勃勃的年轻人在踏入社会之初，人生路途懵懂之时，能够不断激励自我，向着自我的目标奋斗，在人生、社会、自我之间找到和谐之点。

# 李白《将进酒》

君不见
黄河之水天上来，奔流到海不复回？
君不见
高堂明镜悲白发，朝如青丝暮成雪？
人生得意须尽欢，莫使金樽空对月。
天生我材必有用，千金散尽还复来。
烹羊宰牛且为乐，会须一饮三百杯。
岑夫子，丹丘生，
将进酒，杯莫停。
与君歌一曲，请君为我侧耳听。
钟鼓馔玉不足贵，但愿长醉不愿醒。
古来圣贤皆寂寞，惟有饮者留其名。
陈王昔时宴平乐，斗酒十千恣欢谑。
主人何为言少钱，径须沽取对君酌。
五花马，千金裘，
呼儿将出换美酒，与尔同销万古愁！

# 目　录

## 结语：品酒话人生，命运自主宰



## 附录

# 绪论：再论这人『李白』

# 一、李白的人生

唐武后长安元年(701 年),大唐西域,中亚碎叶。

大漠孤烟,长河落日:人们对塞北的印象,似乎就是王维《使至塞上》诗中的这八个字。谁能料想,在这苍凉荒蛮的塞北,一颗曾闪耀在大唐诗歌界的明珠就此降生了。

李白的人生,究竟有几分重?谁都难以度量。

贺知章初见李白,诵其《蜀道难》,呼为“谪仙人”,解金龟换酒,终日相乐。杜甫在赴长安的途中与李白相遇,竟改变路线随之东下。最后念念不忘,赞之曰:“白也诗无敌,飘然思不凡”,“笔落惊风雨,诗成泣鬼神”。王屋山人魏万因仰慕李白,乃自嵩宋沿吴相访,追踪数千里,后于广陵相见,颂其人为“横海鲲,负大鹏”,誉其诗为“鬼出神入。”任华以未能与李白一见为憾,特寄一诗以表胸臆。诗中说他“平生傲岸,其志不可测。数十年为客,未尝一日低颜色……绿水青山知有君,白云明月偏相识”。

每每读到这些对李白的评述,我就好奇于李白究竟拥有一个怎样的人生,致使同辈名人也能为他而惊叹唏嘘?

李白的一生,似乎就是在进与退的矛盾之中行进的。本是水火不相容的“进”与“退”,成了左右李白一生的齿轮。“知其不可而为之”是对李白一生最好的诠释。

“待吾尽节报明主,然后相携卧白云。”“东山高卧时起来,欲济苍生未应晚。”儒家积极入世的思想跃然于李白的诗歌之中。李白胸怀“达则兼济天下”的理想抱负,早年便辞亲远游。离蜀之前,李白在社会干谒活动中留下了自己忙碌穿梭的身影,游走江湖,结交天下名流,处处遍布他的脚印。胸怀着“申管晏之谈,谋帝王之术,奋其智能,愿为辅弼”的宏愿,他在天宝初年应召入京。然而,李白的狂放不羁怎能为世俗所容?

“仰天大笑出门去，我辈岂是蓬蒿人？”“安能摧眉折腰事权贵，使我不得开心颜？”生性傲岸，注定要为世人所排挤。

理想，犹如光纤的泡沫球，无情的幻灭，带给李白的是人生的落寞与愁苦。然而，“抽刀断水水更流，举杯浇愁愁更愁”；他希望“雁引愁心去，山衔好月来”。可是希望毕竟是希望。李白，在他的心中，其实早已明白：“行路难，行路难。”

他也曾经坚定不移地告诉自己：“长风破浪会有时，直挂云帆济沧海。”

可是，现实太残忍，隐居求仙的苗头在壮志难酬的李白心里悄然生根。正所谓：“功成身退，天之道。”只可惜，李白却未能“功成身退”。

以儒为进，以道为退，就是李白的人生。

李白的人生，在“居庙堂之高”的进与“处江湖之远”的退中矛盾着。不可否认，盛唐的历史文化氛围，李白的家庭背景和天才般的个人气质，造就了李白别具一格的人生。

盛唐之时，歌舞升平，国泰民安，经济繁荣，文化自由，政治开明。自由的环境，浩淼的蓝天，赐予了李白得以笔走龙蛇如行云流水的空间。商人的家庭背景，也许使李白早早地拥有了商人自由的天性，没有了思想的羁绊，便有了得以自由挥霍的维度。此外，蜀中“家本紫云山，道风未沦落”的神仙道教环境，也对李白的性格造成潜移默化的影响。最后，李白天才般的个人气质也影响着李白的一生。也许，正是大唐的开放多元造就了李白这个一代神话，也激发了李白建功立业的雄心壮志。然而，李白狂放不羁的性格和向往超尘脱世的绝对自由精神，又使得李白在失意落魄之时有了退隐的思想。

也许他还没想好，也许他想好了。

但是时间不肯再多给他机会，在矛盾之中，生命的齿轮便停止了滚动。

李白的人生，就此成了唱响后世的传奇。

## 二、我的最爱——李白

李白。

当我写下这个名字的时候,突然发觉,这个名字的分量,好重。

谈起李白,写到李白,总有人能滔滔不绝,能笔走龙蛇,如行云流水。而我,却喜欢自己静默在一个角落,在午后的阳台,在宁静的书斋,抑或是在漫花蹊径,独自细细地品味李白,小心翼翼地咀嚼着他的诗,他的文,让字字珠玑来抛光打磨我的内心,抚平我心中的棱角。

儿时的我,总喜欢抱着一本标着拼音的又画着小人的诗歌选诵读:“床前明月光,疑是地上霜。举头望明月,低头思故乡。”

《静夜思》,也许是许多人最早接触到的李白的诗。不过,在我的脑海里,李白《古朗月行》里的“小时不识月,呼作白玉盘。又疑瑶台镜,飞在青云端”,却是我对李白诗作最初的记忆。每每抬头看着月亮,脑海里情不自禁地就浮现出了“白玉盘”,那个可以装满甜甜的蛋黄馅的月饼的白玉盘;还有“瑶台镜”,可以照出漂亮的妈妈面庞的镜子……于是,李白,就这样,浅浅地,把他的名字扎根在我的心里。

孩童时代哪里知道,李白,这个爱月的诗人,这个恋酒的诗人,背后承载的是一段跌宕起伏的人生?

每每谈起菊花,人们都会想起五柳先生的“采菊东篱下,悠然见南山”,于是乎,菊花变成了陶渊明的代名词。也许有很多人也在冥思苦想地为李白寻找代称,却苦于难以找到一种花来诠释李白的个性和人生。而我,却想用李白的一句诗来描述他——“清水出芙蓉,天然去雕饰。”

有人用大唐第一古惑仔来形容李白,不错,李白,你在我的眼中,就是一个十足的狂客。你的诗里折射着你的狂放不羁,你的潇酒豪迈，这一切，不是空穴来风，而是来自盛世的社会环境对你的打磨。经济的欣欣向荣，政治的开明宽容，文化的多元自由，如此清新的空气，让你拥有了挥洒自如的空间，豪放、旷达、任性而为，你狠狠地挣脱了捆绑在身上的束缚，行走自如，自由呼吸……

李白，你就是一颗星，有着许多的棱角，你的光芒，很闪耀、很绚烂、很夺目。你的心里，有的是一片辽阔的蓝天。你渴望着兼济天下，泽被苍生，“待吾尽节报明主，然后相携卧白云”。“东山高卧时起来，欲济苍生未应晚”。

可是，李白，你的率性却不为世俗所容。你忘记了，这个世界不只有你。你譬如北辰，永远闪耀着夺目的光芒，永远都有着特殊的棱角。可是，对有些人来说，你的光芒太耀眼了，灼伤了他们的肌肤；你的棱角太犀利了，刺痛了他们的身体。你的率性让你忽视了，在这个世道，纵使开明，纵使是盛世，也要在世俗里慢慢地学会圆滑自己的棱角，暗淡自己的光芒，这样，也许自己在世俗之中才有容身之所。

可是你说：“安能摧眉折腰事权贵，使我不得开心颜？”

于是乎——

李白，你的寂寞，你的落寞，便随之而来。

花间一壶酒，独酌无相亲。举杯邀明月，对影成三人。月既不解饮，影徒随我身。暂伴月将影，行乐须及春。我歌月徘徊，我舞影凌乱。醒时同交欢，醉后各分散。永结无情游，相期邈云汉。

（李白《月下独酌》）

读到这首诗，便想起了岳武穆《小重山》里面的两句词：知音少，弦断有谁听？

没有了志趣相投的人，李白，伴着你的只有天上的明月，寂寞的影子，还有酒樽里的香醪。你厌世弃俗、高洁倔强、不容于世，也许，只有当对月高歌，伴影起舞的时候，人世间的丑恶、污秽和欺诈才会被你远远地抛在脑后。花前月下独酌已是可悲，月亮毕竟不懂得饮酒，影子也只是无情之物。于是，你的落寞更深。也许，借酒消愁愁更愁吧！

周敦颐的《爱莲说》里有这么一句话："予独爱莲之出淤泥而不染，濯清涟而不妖。"莲花是天然雕饰的，她的率性，她的自然，她的毫不掩饰，不正是你最真实的写照吗？

李白，你就是一朵出淤泥而不染的莲花。

清高，而寂寞。

也许在那个世道，许多人读不懂你。

但是，我读懂了。

你的寂寞。你的率性。你的朴实无华。

最爱的，是你，心中的日月，诗性的李白。

## 三、酒仙——李白

李白，人们都说他是诗仙。

而我想说，李白首先是一个酒仙。没有左手的金樽，没有朦胧的醉意，也许就没有右手的毛笔在宣纸上的笔走龙蛇。

李白的诗歌，多是在微醉之下完成的吧？是的，无酒不成太白之诗。

尼采曾经说过：在人的心灵深处，在思维和想象之下的更深层，还有一个迷狂的世界。我想，对李白来说，这便是酒神的境地。在醉境之下，人从现实和本身中超脱，一切潜能都会发挥到极致；最后，人终于达到与自然交融的境界。这就是来自非理性本能冲动的酒神精神，是人的生命中最本质的存在。

饮酒，是一种被压抑的情感的宣泄方式，也是一种对社会现实的精神反抗。

我想，是的。李白的人生，酒和诗是分不开的。

说到酒，我会想到梁山好汉大块吃肉，大碗喝酒的画面。酒，首先是豪爽和义气的代名词吧！李白唯酒独尊，骨子里便也淌着一股豪迈和义气。“十五好剑术，遍干诸侯”，李白一边行走江湖，一边结交天下的豪杰名流。轻财重施，存交重义，纵酒携妓，及时行乐，便是青年时李白的最好写照：“黄金逐手快意尽，昨日破产今朝贫”，“百年三万六千日，一日须倾三百杯……千金骏马换小妾，笑坐雕鞍歌落梅。”

酒，融于李白的血脉之中，清醇而猛烈。于是乎，李白在游走天下的时候，结交了许多志同道合的朋友。

李白应召入京时，曾怀抱着大志渴望干一番惊天动地的事业，然而，“仰天大笑出门去，我辈岂是蓬蒿人”，“安能摧眉折腰事权贵，使我不得开心颜”的狂放不羁和蔑视权贵，注定让他在“梧桐巢燕雀”的庙堂之上遭到排挤和谗言的毁谤，最后只得赐金还山，悻悻而回。壮志未酬的李白，注定要承受寂寞。这寂寞，来自失意，来自那化不开的苦闷，解不开的愁绪。

手里的金樽，樽里的弄醪，变成了失意之时最好的宽慰。酒，成了太白化解心中苦闷的一剂良药。

“人生得意须尽欢，莫使金樽空对月。”李白渴望着得意之时能够及时行乐，他深知，“天生我材必有用，千金散尽还复来。”他也对自己默语，“长风破浪会有时，直挂云帆济沧海。”然而，现实的残忍只能让他“五花马，千金裘，呼儿将出换美酒，与尔同销万古愁”。

金樽里的美酒，宽慰的不仅是李白苦闷的心情，也是慰藉李白寂寞的心境的良药。“古来圣贤皆寂寞”，“花间一壶酒，独酌无相亲，举杯邀明月，对影成三人。”

太白啊，你的失意在酒里是化不开的，你的寂寞在酒里是冲不淡的。你也知道，“举杯消愁愁更愁，抽刀断水水更流”，又何苦在酒里麻醉着，封闭着自己呢？又何苦在酒里狠狠地挣扎，以求得一时的宽慰和满足呢？

以前，我常常会这样想。

然而，我错了。

李白也许知道，他早就知道，酒是化不开愁苦和寂寞的。饮酒，不是在麻醉自己，封闭自己；恰恰相反，饮酒，是太白给予自己精神上更加开放、更加自由的空间，让自己能够自由地呼吸自由地思考，而不再受任何的羁绊。于是，总能在李白的诗歌里找到恢弘超迈的气魄，那吞吐群星、包孕日月的气象，更加亲近于自然，而彼时，道家那种超尘脱俗的境界便也跃然纸上，李白的诗歌因此才得以拥有不凡的气魄和感染力，一直融入到我们的血脉里。

酒，造就了一代诗仙。

微醉中的自由，朦胧中的豪放。这就是李白。

李白的酒，酒里的诗，酒里的人生。

## 四、酒的文化与李白

无论是大权在握的高官，还是山野巷陌的百姓；无论是腰缠万贯的巨富，还是一文不名的乞丐；无论老成持重的君子，还是风流轻狂的薄儿；无论是心忧天下的志士，还是取欢行乐的浪子——都与酒有着不解之缘。

酒，目之所见，客观存在；神之所蕴，逍遥自在。

酒，若精灵，呈变化腾挪之势：它时而炽热似火，时而冷酷像冰；快意间缠绵如梦萦，复仇时狠毒似恶魔；柔软时入口微熏，令人身绵如锦缎，锋利时进喉似钢刀，令人颤抖若电击。酒，虽有实体，却高于实体，它无所不在，力大无穷，它可敬可泣，该杀该戮：有时候，它能叫人超脱旷达，虽然千杯下肚，却能激起才华横溢；有时候，它又能做救苦的天使，能叫人忘却人世的痛苦忧愁和烦恼，到绝对自由的时空中尽情翱翔；而有时它又化作了魔鬼，叫人肆行无忌，放纵地沉沦到深渊的最底处，或放荡无常，叫人丢掉面具，原形毕露，口吐真言。

酒，在人类文化的历史长河中，不仅是一种客观的物质存在，还是一种文化象征，即酒神精神的象征。

远古的希腊，有酒神狄奥尼索斯；在中国，有古老的道家哲学。庄周主张物我合一，天人合一，生死齐一。他高唱绝对自由之歌，倡导“乘物而游”、“游乎四海之外”、“无何有之乡”。庄子宁愿做自由的在烂泥塘里摇头摆尾的乌龟，而不做受人束缚的昂首阔步的千里马。追求自由、忘却生死利禄及荣辱，是中国酒神精神的精髓所在。

从神到人，斗转星移，酒似乎是沟通的媒介。酒神精神在千百年的历史长河中锤炼得意蕴悠长，渐变成博大精深的酒文化。

而在我国，酒的历史，可以追溯到上古时期。《史记·殷本纪》记载纣王“以酒为池，悬肉为林”，“为长夜之饮”，《诗经》中亦有“十月获稻、为此春酒”和“为此春酒，以介眉寿”的诗句。这表明我国酒之兴起，至少有五千年。

考古学家早就证明，新石器时代的陶器制品中，已出土了专用的酒器；商殷文物中，青铜酒器占相当大的比重，说明当时饮酒的风气确实很盛。自此之后的文字记载中，关于酒的起源的记载虽然不多，但关于酒的记述不胜枚举。

因为，生活的真谛就在于人类对物质与精神的不断追求，所以，有酒的地方就有酒文化。地域风光，人文景观，民情风俗，劳动追求皆为酒文化提供了丰富的创作源泉，源于生活又飘有酒香的精彩酒文化得以绵延不绝。

恰如一朵奇葩，酒文化在文化百花园中芳香独特，历来诗歌曲赋对它赞颂不已：从漫漫黄沙、冰河中“葡萄美酒夜光杯”的景色，到指点江山、“斗酒诗百篇”的激情；从寂寞旅途中“举杯消愁愁更愁”的比喻，到阅尽世事沧桑的“对酒当歌，人生几何”的洒脱；从英雄相惜的“莫使金樽空对月”的气概，到友情长存的“酒逢知己千杯少”的喜悦；从享受欢乐的“绿酒一杯歌一遍”的心情，到意至忘言的“酒不醉人人自醉”的意境；从游山观水的“醉翁之意不在酒”的妙喻，到及时行乐的“今朝有酒今朝醉”的无奈；从凄凄雨中寻访酒肆时“牧童遥指杏花村”的欣慰，到悲悲墙边生死离别的“红酥手，黄藤酒”的苦痛；从莫叹今朝的“一醉方休”的痛快，到举杯言欢的《祝酒歌》的豪放，到高天上流云的《酒神曲》的粗犷——千百年来，多少文人墨客饮酒吟诵，借酒明志，留下佳作无数！酒，给了多少英雄豪杰不凡的壮举，又赐予文化多少浓厚的生活气息！曹操煮酒论英雄，李白举杯邀明月，辛弃疾醉里挑灯看剑，苏东坡把酒问青天，李清照浓睡不消残酒：酒不仅是不可替代的道具，更是韵味无穷的酒文化的杰作——历史与文化给了酒全新的诠释，酒文化源远流长，根深叶茂。

酒文化，两字可概之：一个喜字和一个醉字。喜派生出吉祥欢庆的氛围，酒会酒令交杯酒，满月开业祝寿酒，谢师寄名壮行酒，真可谓无酒不成宴，无酒庆不烈。醉更是酒的精华，“灌夫骂座”，“贵妃醉酒”，汉高祖醉斩白蛇，女词人“沉醉不知归路”，黄公望“酒不醉，不能画”，武松十八碗酒醉上景阳岗，武术中有醉拳，词牌有“醉花阴”、“酒泉子”。酒还有雅俗共赏之魅力，从绿林好汉的大块吃肉、大碗喝酒到红楼丽人的猜谜酒令，一杯泯恩怨，醉生梦死，欢娱一瞬……

然而，酒若是只表现本体，就不值得绵绵五千年。醉后的真态留漏，醉中的心胸抱负，醉前的温文儒雅，才是具有中国式酒文化自养天地之气的文人所赋予的精髓。而作为最出众的文人之一的李白的出现，无疑又为酒文化添上一层神仙般的光辉。

文人历来多苦恼，“何以解忧，唯有杜康”。因为，文人生产精神食粮，所以，天性注定渴望自由。只要不被专制政治异化，必然会为人格压抑而痛苦。连曾是“谪仙人”的李白都放言“我本楚狂人，凤歌笑孔丘”；到当代陈寅恪，更是痛吟“自由俱道文人笑，最是文人不自由”。

因此，有文人的地方，必然酒在杯中举，歌在梁上绕！

酒中歌，舞中酒，一来助兴，二来抒发豪情壮志。平日里唯唯诺诺、缩手缩脚，今日里借助酒力，一展歌喉和身手。《诗经·小雅·宾之初筵》就描写道：“曰既醉止，威仪幡幡，舍其坐迁，屡舞僊僊。……是曰既醉，不知其邮，侧弁之俄，屡舞傞傞？”——醉醺醺的人们，舍弃了威仪，丢掉了坐起的礼节，也不知自己的差错，歪戴着帽子，忘乎所以地舞来舞去。

《左传》有乡人饮酒歌，《晏子春秋》有晏子酒酣歌舞，《汉书·高帝本纪》有刘邦酒酣击筑自歌《大风歌》……

恩格斯的描述更深：“每一种酒都会产生一种别致的醉意。”喝了几瓶酒以后，就能使一个人的情绪发生各种各样的变化——从跳轻佻的四人舞到唱《马赛曲》，从跳摇摆舞的狂热到革命热情的激发，最后，喝一瓶香槟酒，又能鼓起人间最愉快的狂欢节的情绪！人们的人格经常处于被压抑状态之中，而浓烈的酒可以使人们的血液狂奔，使人们的心脏狂跳，那饱受折磨、困厄的人格渐渐地舒张了，最终冲破一切外物的奴役，释放出鲜活的能量。

在这种酒酣歌舞中，压抑人格的纲常礼教受到质疑、抨击，乃至冲破。金朝庞铸《洒酒图》说，“我爱陶渊明，爱酒不爱官，弹琴但寓意，把酒聊开颜，自得酒中趣，岂问头上冠”，表现了对官场的厌恶；宋朝贺铸《浣溪沙》说，“物情唯有醉中真”；苏轼《饮酒》说，“我观人间世，无如醉中真”，更是流露了渴望真情、憎恨虚伪礼教社会的感情；唐朝杜甫《饮中八仙歌》说：“李白斗酒诗百篇，长安市上酒家眠，天子呼来不上船，自称臣是酒中仙”，表现了对“君为臣纲”的蔑视。《红楼梦》第四十回载：“(鸳鸯)吃了一盅酒，笑道：‘酒令大如军令，不论尊卑，唯我是主，违了我的话，是要受罚的。’”如果不是饮酒，鸳鸯敢说出“不论尊卑，唯我是主”这样有悖纲常的话吗？

酒仙、诗仙李白对酒更情有独钟。不但饮酒、品酒、酿酒，甚至嗜酒、爱酒，视酒为自己的第二生命。酒文化，在诗仙李白手中，不再是歌舞中的米粮之精，而被赋予了自由自在的生命，有了被人尊崇的尊严。

《将进酒》中说“岑夫子，丹丘生，将进酒，杯莫停，与君歌一曲，请君为我倾耳听”。《独酌》说“独酌劝孤影，闲歌面芳林”。《留别于十兄逖裴十三游塞垣》说：“劝尔一杯酒，拂尔裘上尘，尔为我楚舞，吾为尔楚歌。”《下终南山过斛斯山人宿置酒》说：“我醉君复乐，陶然共忘机。”《把酒问月》说：“唯愿当歌对酒时，月光长照金樽里。”……太多太多，几乎太白无诗不谈酒，无酒不赋诗；恰若那句“庄生晓梦迷蝴蝶”，在李白心中，怎能分得清孰是酒，孰是诗？

故而，李白属别致中之最：饮中成仙，诗酒年华！

## 五、迟来的奖章——李白的人生哲学价值

从公元前 15 世纪起，人们就为有功勋的人颁发奖章，以此证明和表彰他们在某一领域或某一方面所做出的贡献，从而赢得了众人的敬仰之情；只不过奖章的样式和制作材质随着社会的进步、人们审美观的变化而相应变化，但奖章所蕴含的意义从未改变。

今天，我们几乎随处可以见到各种各样的奖章：奥林匹克运动会的奖章，各种赛事的奖章，娱乐界、电影节的奖章，诺贝尔奖的奖章，小孩子参加竞赛的奖章，员工完成任务期满的奖章……但在这奖章的海洋中，我们似乎遗忘了我们伟大的诗人李白，从奖章所蕴含的深义上来讲，他似乎更应该被敬爱他的人们授予奖章，即使这枚奖章是枚迟来的奖章，即使这枚奖章早已经深深镌刻在人们的心中。

李白作为“诗仙”，凭借着“落笔惊风雨，诗成泣鬼神”的才华，给我们留下了无价的精神瑰宝，特别是他在诗篇中表达的人性的力量、人格的高尚、人情的深厚、人趣的天然、人品的高洁、人生的感触……无一不对后世人有着警言、警行、警醒、警世的作用。

李白喜好饮酒，素有“酒中仙”的美称。今天，酒似乎更加普及。上至达官贵人，小家碧玉，下至贩夫走卒，村夫野老，相聚时觥筹交错，独居时单品独酌，甚至有无酒不成席的说法。但是，无论他们怎么狂饮，都无法与李白比肩。不仅仅因为李白带着仙气，而是因为李白在酒中喝出了一个酒外的人生，在人生中又点染出一

个酒中的人生。他透过酒，点染出人生百态，于嬉笑怒骂中，展示了人生的真理；他又能于世情中，以酒为友，以酒为师，以酒为情，寓一个崭新的人生于酒，令酒焕发出了别样的光芒。

李白的饮酒品人生的作品甚多，其中最能表现他的个性，集大成的应属《将进酒》，这是他自长安放还以后所作的思想内容更为深沉、艺术表现更为成熟的作品。

《将进酒》篇幅不算长，却五音繁会，气象不凡。它笔酣墨饱，情极悲愤而作狂放，语极豪纵而又沉着。诗篇具有震动古今的气势与力量。这诚然与夸张手法不无关系，比如诗中屡用巨额数目字（“千金”、“三百杯”、“斗酒十千”、“千金裘”、“万古愁”等）表现豪迈诗情，同时，又不给人空洞浮夸感，其根源就在于它那充实深厚的内在感情，那潜在酒话底下如波涛汹涌的郁愤情绪。此外，全篇大起大落，诗情忽翕忽张，由悲转乐、转狂放、转愤激、再转狂放、最后结尾于“万古愁”，回应篇首，如大河奔流，有气势，亦有曲折，纵横捭阖，力能扛鼎。其歌中有歌的包孕写法，又有鬼斧神工、“绝去笔墨畦径”之妙。通篇以七言为主，而以三、五、十言句“破”之，极参差错综之致；诗句以散行为主，又以短小的对仗语点染（如“岑夫子，丹丘生”，“五花马，千金裘”），节奏疾徐尽变，奔放而不流易。《唐诗别裁》谓“读李诗者于雄快之中，得其深远宕逸之神，才是谪仙人面目”，此篇足以当之。

与其说《将进酒》是一首关于饮酒的诗歌，不如说这是一首隐喻人生的赞歌。每一句都是一个人生的喻义，每一句都包含着诗人通过酒看人生，通过品味人生而看世情的智慧。李白对自己充满信心，丝毫也不怀疑，甚至于认为获得表现自己施展才华的机会是理所当然的事，是天命所归。凭此，就可以为李白颁发一枚人生的信念奖章。

《将进酒》一诗表面看来写的是及时行乐，但表现着自信和自由的倾向，这是表现人的个性觉醒的追求。李白始终把自己看成是一个具有独立人格的独立个体，才华固然天授，也是其安身立命之本，是其狂放不羁的凭靠。这对颇有信仰迷失、人格颓废之痛的现代人，有着更为深刻的影响。凭此，也应该给李白颁发一枚人生的执著追求奖章。

《将进酒》中，李白借酒引发了对人生的思考和选择。借着酒，他把当时士人两项最高的追求：富贵和以圣贤为楷模，都否定了。实质上，就是借此来肯定自己追求人生真义，向往自由、安乐而又有积极向上的人生境界的理想和敢于实践的勇气。凭此，当今的我们，在指点江山，抒怀自我，品酒论人生之时，也应该给李白颁发一枚人生的勇气奖章。

所以，即使时光流逝了千年，《将进酒》的魅力依然不减。尤其在今天物质飞速发展，精神文化领域思潮繁多却颇有失却方向的时代，在人们都迷恋于金钱、权势、地位的追求而忘却了本性的时代，重读《将进酒》，重新认识李白，欣赏李白，学习李白，不仅能得到精神上的振奋，心灵上的愉悦，更能获得人生路途上的感悟和指引。从这个意义上，李白当之无愧的可荣获重焕人类思想的人生导师奖章。

诚然，我们还可以为李白颁发更多的奖章，这些奖章不是用金银打造，不是出自名家之手，也不曾用喧哗的雕饰来装饰，但它们的光辉可以万代永存。因为，这是来自人类灵魂深处的奖章，是可以镌刻在人们心灵上的奖章，可以伴随人类灵魂在世间永存的奖章，它们将随着人类的发展而焕发出更加灿烂的光辉。

# 本论：历史的定位、时代的解说

# 第一章　君不见黄河之水天上来，奔流到海不复回

## 宇宙的人生——永恒

宇宙中，万事万物渴望永恒；而万事万物却又稍纵即逝。

“君不见黄河之水天上来，奔流到海不复回”，是说滔滔黄河之水仿佛从高天涌出，一泻千里奔腾到海不再返回。上句写大河之来，势不可挡，极言黄河发源地的高远；下句写大河之去不可回，极言大海的广阔无穷。这两句话暗喻宇宙的人生——永恒。宇宙中人生的永恒表现在时间上的永恒、空间上的永恒、数量上的永恒、品质上的永恒等。面对永恒，我们需要学会拥有永恒、享受永恒！

要如何才能跨越生死，谓之“永恒”呢？

要如何才能绽放人生中“永恒”之奇迹呢？

李白对一切美的事物都有敏锐的感受，把握现实而又不满足于现实，投入生活的急流而又超越苦难的忧患，在高昂亢奋的精神状态中实现自身价值，于宇宙的永恒中体悟人生的永恒。李白气宇轩昂，气质不凡，道士司马祯称赞其“有仙风道骨，可与神游八极之表”——有先天成仙的因素。这和后来贺知章赞美他是“谪仙人”异曲同工，把李白看作非凡之人。

李白把自己作为人的本性融化到大自然景物中，用胸中之豪气来感受和表达山水所体现的永恒，在气势磅礴的高山大川中突出力的美、运动的永恒，在壮美的意境中抒发豪情壮思，表现出纤尘不染的天真情怀。

人生的永恒在于价值，人的生命虽然短暂，生命价值却可以永存！楚国大夫屈原，虽被小人谗言所误，无法一展抱负，然其对理想的舍身追求和不与世俗同流合污的高尚情操仍流传至今。端午节的香粽和龙船就是“永恒”最鲜明的证书。岳飞“精忠报国”，花木兰“代父从军”……历史上有多少古圣先贤创写下了一个又一个“永恒”的诗篇！他们的这些永恒，都是用人生的价值来成就。一个人的生命固然重要，但要想达到人生的永恒，还需要一个人对社会、对整个人类所做的贡献，所实现的人类价值。

“永恒”的人生——需要用心付出，为了人类的繁荣昌盛而不断奋斗，才能最终获取。

# 一、永恒是人类千古探寻的主题

天地之道,恒久而不已也。

永恒之道何也?夫道若大路然,岂难知哉?人病不求耳。

亘古以来,摆脱了求食索居之余的人类,从震慑于自然的神秘奇特到渐渐开始探寻自然界的诸多隐秘。对宇宙永恒的探寻给了人类成长的轨迹、智慧的源泉。唯有人类是万物之灵长。聪慧的人类日渐揭开宇宙永恒的神秘面纱,每揭开一角都给人以难掩的狂喜。狂喜不仅因为已探寻的结果,更为了新的开始,而且明白了,永恒的探寻,是探寻的永恒。

天道尚左,日月西移;地道尚右,水往东流。

永恒之道在恒久,在不已。岁月嬗变,昼夜更替;万物生灭,日月轮现;悲欢离合,生老病死。万物有道,亘古循规。

永恒寓于短暂,久远存于瞬间。遥想远古:三皇五帝,燃起文明之火;秦皇汉武,再造大世;唐宗宋祖,略逊风骚,朝代更替,已然至今日盛世。每每,或细读史书,或观赏影视,或洗耳听戏,都觉往史栩栩如昨,历史人物近在咫尺,似犹可闻其声,听其言,观其面。然而,上下已然五千余年。天地的悠长、恒久宛如一幅无尽的画卷,锦绣绵延,已卷起的是过往,正展开的是今时,将展开的是明天。永恒固然值得颂扬,但短暂、易逝同样令人喟叹,因为正是这短暂、易逝的色彩与画面,构筑了天地永恒的画卷。

那么,在这永恒的画卷上留下重墨的色彩、画面又是什么?有朝代更替中涌现的英雄人物、巾帼红颜,有探寻天地万物奥妙的自然学家,有留下丰硕艺术成果的人文学家,更有劳动人民集体智慧创造的物质文明、灿烂文化。总之,描摹这一永恒画卷的主角是人,主题是人与自然。

天地的永恒往往让人难以逃避人生一瞬的话题。想到人生如白驹过隙，转瞬即逝，"譬如朝露，去日苦多"，就不免悲从中来。试想，怎样度过这几十载匆匆的岁月，才不至于在灯尽油枯时因碌碌无为而悔恨。如何为人，是值得探寻的永恒的主题。先人的探寻告诉我们，于内要修己，于外要治世。就修己而言，先人对君子的要求甚高，大到"不易乎世，不戒乎名；遁世无闷，不见是而无闷；乐则行之，忧则违之，确乎其不可拔"《周易》；小到"君子以反身修德"（同上）。此种相关的言论，不胜枚举。

有限的人生在永恒的彰显下更显弥足珍贵。人人都要努力成为这永恒画卷上的浓重线条，甚至画面。当我们追逐金钱迷失心灵，当我们砍伐森林破坏植被，当我们截断河流阻碍循环，当我们猎杀动物损坏生态，当我们掌控权势无视道德，我们所做的一切，并不是在实现我们的人生价值，不是造就人生的永恒，而是扼杀我们的生存，扼杀人类的永恒！或许我们已经麻木，已经毫不在乎对生命"永恒"真谛的追寻！

每个人的人生境遇都百般不同，而唯一相同的都是匆匆几十年光阴，生老病死，转眼成空。历史上很多人都在追求长生不老之术，殊不知，人的肉身皆只能承载这短暂的年轮，只有精神上的神圣与高尚才能与世长存。

对于永恒，这世界上没有几个人能够真正理解它的含义，认为人生短暂，何来永恒。其实这正是永恒的价值所在，它时刻激励我们用有限的人生去创造无限的价值，去实现人生的永恒。

## 二、永恒与天命

很多人都相信命运，认为命运在一个人出生的时候就已经写好了，我们只能作为一个接受者去承受它带给自己的一切。但是，你真的知道自己的天命吗？

我们理解：命运是我们走过自己所拥有的那些时间后，回头去望着自己走过的路，对自己经历过的一切做了一个概括。命运绝不是一条铺在我们人生列车下的轨道，而我们的人生路更不是毫无改变的沿着这条早已铺设好的铁轨直面向前的。

如果相信命运已经写好，人就会觉得努力也是毫无意义。我们会觉得再多的付出与拼搏，能够挽回的也不过是和没有努力过得到的一样的结果。很多的时候，我们本握有去改变自己天命的机会，但却在它面前低下头，向它示弱，最终只是无力地随着命运的潮水起起落落，这样的人生与命运，是不成功的。

2010 年 9 月 6 日，湖南金浩茶油股份有限公司董事长刘翔浩在其公司官方网站发表了"致消费者朋友和社会各界的一封信"，表示为"金浩茶油苯并(a)芘超标"一事向消费者和社会各界真诚致歉，并承诺对"问题"批次内的茶油给予最高赔偿。

对于深陷食品安全忧患中的中国人来说，经历了三聚氰胺毒奶粉、苏丹红、地沟油、毒大米等事件之后，任何类似的事件已经让他们忍无可忍。他们已经不再如砧上鱼肉，任人宰割，不再信命，随人摆布。他们不再单纯地表示愤怒，而是把命运紧紧地掌握在自己的手中，汇集集体的力量和智慧，成功地主宰生的希望。

早在 2010 年 8 月 19 日晚，一条关于"湖南金浩茶油有限公司出品的金浩茶油被查出含有超标 6 倍致癌物质"的微博(http://t.sina.com.cn)，在网络上被大量转载。在网民的强大的质疑声中，一天之后，金浩公司迅速在其网站发表辟谣声明，称这是"不实谣传，不排除是竞争对手恶意炒作"。

但不再愿被轻易愚弄的中国人，岂能听一句轻描淡写的辟谣就认命？8 月 21 日，湖南省质监局在当地媒体发布"茶籽油生产加工企业专项监督抽查结果"，所附 23 家企业 33 种茶油产品抽检结果均为合格，其中包括金浩公司部分茶油产品。

8 月 25 日，国家农副产品质量监督检验中心(湖南)对金浩公司 8 月份生产的茶籽油进行抽检，样品又全部合格。

而事实上，湖南省质监局早在今年 3 月即获悉部分茶油企业抽查结果不合格的情况,企业也在内部自查中发现致癌物“苯并(a)芘”严重超标。但这一消息被隐瞒了长达5个月。

8月30日,这一问题被权威媒体曝光,多家媒体以详实的数据证明金浩茶油致癌物质超标。在强大的压力面前,金浩茶油股份有限公司在沉默了一天后,终于发出了“致消费者的致歉信”。9月1日,金浩公司在其网站发布致歉信,5天之后,金浩公司董事长刘翔浩以个人名义,对外第二次致歉。

9月2日,湖南省质量技术监督局也开始“发声”,就该事件进行说明,随后采取了一系列处理措施,包括责令金浩公司停产整顿,召回问题产品等。

在这次事件中,善良的中国人,习惯于与世无争的中国人,从开始到最后,仿佛都有命运在支配。他们身为升斗小民,命运“安排”他们要去做有毒食品的试验品。难道他们知道自己的命运就是这样,应该规规矩矩地等待着有毒物质的入侵。但是,他们问自己:我们真的知道自己的天命吗?我们应该服从这样的命运吗?

他们没有。所以,恶有恶报,正义得以伸张!人生中,命运就在自己的手中,我们才是创造它的主人,前面的路通向何方,决定它的,乃是我们自己的决断与双手。鲁迅先生说:“其实地上本没有路,走的人多了,也便成了路。”——把握了天命,创造了永恒。永恒的存在:远在天边,近在眼前。

哲人谈到永恒这一话题,往往有很深的忧患意识,把永恒当成神秘而恐怖的字眼。他们害怕永恒会破坏这个世界的因果关系,摧毁这个世界上最根本的东西:永恒的幸福使人忘却辛劳和汗水的味道,永恒的正义使人失却对罪恶的警惕,永恒的爱情使我们丢掉了最初的情感和冲动,任何一种永恒都会使我们丧失最美好的回忆。

我们渴望永恒的正义和幸福,不吝惜和我们的孩子分享并让他们相信这种美好的愿望,但当我们给他们背上书包,我们仍会告诉他们路上要小心坏人,在学校要用功读书,这样才会有出路。

我们渴望永恒的爱情、友情、亲情甚至一切感情，渴望陪他们走到地老天荒。但我们也常说，亲人、爱人、朋友都是一辈子的缘分，务必珍惜，下辈子无论爱与不爱，都不会再见。

我们对永恒的渴望，就像是我们对当下，对这一秒、这一天、这一年、这一世的珍惜一样，都很重要。

也许，离愁别绪，难舍难分，爱之愈深，思之愈切，本身就是爱情无法避免的特征。咀嚼人世的爱情传说，请听这首千古传唱的曲子："红藕香残玉簟秋，轻解罗裳，独上兰舟。云中谁寄锦书来，雁字回时，月满西楼。花自飘零水自流，一种相思，两处闲愁。此情无计可消除，才下眉头，却上心头。"（李清照《一剪梅》）

宇宙，遥远而浩瀚，要说在这世间有没有永恒存在的东西，可能除了时间，唯有人与人之间的情感。亲情、友情和爱情，在冥冥之中缠绵数万个世纪，都向我们讲述着永恒的真谛。拥抱此刻的记忆，也许会珍存一个永恒的瞬间，一个永恒的心结。

## 三、余论八则

### 1. 时间上的永恒

宇宙的存在与发展，我们可以认为是一种相对的永恒。就像时间一样，我们不能探索到它是如何产生、如何发展抑或如何消亡的。真正能够在时间上达到一种永恒境界的建筑，不是人们能够用手建造出来的，而是在我们的大脑里。信念可以存在于我们每个人的头脑之中，它的产生与发展甚至消亡都不被外界控制，甚至不受时间的左右。我们的身体可以被时间带走，但是我们的信念却可以传下去，被后来人所继承。

时间更多的时候是一个量度，是区分一个过程在这个世界上存在与持续的量度；持续的时间长，甚至达到永恒，当然会让人觉得难能可贵，但世上也有很多东西恰恰因为它的短暂瑰丽而愈发显得动人心魄与壮丽凄美。

瞬间与永恒，有时候却是一种矛盾的统一与结合：一个生命，一个人或者一件事，在某个短暂的时刻里，某种情感或者精神层面上迅即升华，这种升华就能摆脱时间的束缚，以另一种永恒镌刻在了那个瞬间。



2. 空间上的永恒

宇宙的存在与发展，对于现在的我们还是一个谜。我们可以认为它是永恒的，也是没有尽头的，就像时间一样，你不能探索到它是如何产生，又是如何消亡的。

那种真正能够达到永恒的空间，其实也在我们的大脑里。自从人类诞生的那天起，我们的意识便开始觉醒，一些东西能够支撑着我们与自然斗争、与环境斗争，不屈地生存下去。那种让我们坚强与不妥协的力量叫作信念。信念可以存在于我们每个人的头脑之中，它的产生与发展甚至消亡都不被外界控制，甚至不受时间的左右，我们的身体可以被时间带走，但是我们的信念却可以传下去，被后来人所继承。看来不经的事实摆在我们眼前——世上那个可以永恒的空间，却在我们那个看似脆弱的头盖骨里。

3. 品质上的永恒

世上的万物无一例外地有它自身的外在形式与内在品质。使事物变得与众不同的，我认为很大程度上并不取决于它的外在形式，更多的还是取决它的内在品质。如同中国古代那个著名的成语故事买椟还珠一样，不管盒子的外观做得多么的漂亮与精致，如何能蒙蔽世人的眼睛，但最后还要看珠宝的自身价值。真正有价值的东西，不管其内在的品质能否被人发现，或在什么时候被人发现，它都实实在在地摆在那里。这种价值最终会让它被人们所珍视，也会让它流传下去，直至永恒。

品质与精神可以永远不灭，可以永远以一种时间触碰不到的形式存在。它可以由任何一个人创造；我们可以用自己的努力让它变得永恒，被无数的来者与后人铭记与推崇，在他们的口中、脑中与书中永远存留。

4. 人类的永恒

我们人类时刻都没有停下过追求永恒的脚步，我们想把自己和自己所有的一切变成永恒，这种永恒是对时间最大的敬意，也是自己最大的成就；只是我们多数人并不能领会到时间与永恒的关系。我们总是把永恒看得太远。其实，人类所追求的永恒并不是那么高不可攀，如果你真的能够重视哪怕再细小微末的时间，能够让它在你的手中折射出有意义的光彩来，那么，其实你就已经把握永恒了。

5. 你可以创造永恒

历史的画卷永恒地铺开在每个即将向它走来的人面前。它的壮丽与伟大并不全然由那些伟大的人物来完成，它记录的并不全是那些可以彪炳千秋的伟业，却是更多的由那些如同我们一样平凡的人写成；而那些平凡人在这个过程之中也创造了永恒，也把自己变成了一种永恒。

清朝最著名的作家曹雪芹，家道中落，成了食不裹腹的潦倒者，却坚持创作《红楼梦》，时间以最残忍的方式阻止了他，还未等他写完，他的生命就终止了。但就是这部残缺的《红楼梦》，最终战胜了时间，被赋予了在文学史上的永恒价值。

不要叹息自己的平凡，再伟大的人物也是由平凡走过来的，我们生来一样，平凡不是一种错，更不应该成为我们自怨自艾的理由。平凡也能创造历史，也能创造永恒，决定你能否成功的，不是你是否平凡，而是你那颗不平凡的心。

6. 你知道你的天命吗?

两千多年前的陈胜与吴广,被征役到渔阳去守边关,大雨连绵误了期限。按照秦朝的法律,误期的话,不管什么原因都是要杀头的。仿佛都有命运在支配,他们身为升斗小民,命运安排他们不幸被选中要去守边境;到了大泽乡又是命运的安排,让大雨耽误了期限,就要受到惩罚。如果他们知道自己的命运就是这样,应该规规矩矩地等待着死亡的降临;但是他们问自己:我们真的知道自己的天命吗?这难道就应该是我们的天命吗?从那时候开始,他们不再相信命运,终于喊出了振聋发聩的“王侯将相宁有种乎?”

所以,当我们在面对很多困境的时候,不妨先这样去问一下自己:我知道我的天命吗?难道这就是我应该接受的天命吗?其实,命运真的就掌握在自己的手中,我们才是创造它的主人。前面的路通向何方,这应掌握在我们自己的决断与双手之中。

7. 你甘愿只是过客吗?

如果相信命运已经定好,你就会觉得努力也毫无意义,你会觉得再多的付出与拼搏,能够挽回的也不过是和没有努力过所得到的一样的结果。很多的时候,我们握有去改变自己天命的机会,但是在它面前低下头,向它示弱,最终只是无力的随着命运的潮水,起起落落。这样的人生与命运,是不成功的。

主持发明激光照排系统的王选被称为当代的“毕升”。他用创造性的劳动,开创了汉字印刷行业的新时代,让出版印刷行业告别了铅与火,迎来了光与电,这改变了我们每个人的生活。

每个人都可以创造属于自己的永恒,人的永恒主要表现其人生的价值与意义。人生的真正价值与意义,在于对社会的贡献和为人类进步事业所创造的财富,包括物质财富、精神财富。因为,个人对社会的贡献是社会存在和发展的基本保障,是人生价值的基本标志。一个人要想流芳百世,那他要做的就是要不断地实现自己的人生价值,创造非凡的人生意义。

### 8. 永恒——心灵的跨越

人生的意义远远要比生命重要得多。一个人若懂得这个道理,那么他离人生的永恒就很近了。高尔基曾经说过"不知道干什么事的人是不幸的",一个人只有真正懂得如何生活,如何实现自己的价值,才能更进一步地创造出属于自己的"永恒"。

爱柯夫,美国汽车业的超级巨星,曾为福特公司创造了上亿美元的销量,却由于老板的妒贤而被开除。但他没有灰心,仍以积极的态度面对人生。他又来到濒临倒闭的克莱斯公司,努力打拼。多年后,终于带领公司度过了难关,成为了美国的商业巨头。试想,如果爱柯夫在被福特公司开除后心灰意冷,一蹶不振。结果又会怎样呢?爱柯夫没有在厄运面前倒下,而是振作精神,东山再起,终于向世界证明了他的能力,实现了他人生的永恒价值!一个人真正懂得了自己人生的目的,就能像爱柯夫一样,用其有限的生命,创造出无限的价值,实现他的永恒。

我们生来并不带着什么,离去的时候也不能带走什么,在无数的瞬间里,真正能够达到永恒的空间是人类的信念,可以永远不灭的是我们的品质与精神。只要我们把握好生命里的每个瞬间,积聚升华自己人生与理想的力量,总会有机会去书写属于自己的永恒。

## 第二章　君不见高堂明镜悲白发，朝如青丝暮成雪

# 短暂的人生——有限

《将进酒》的开头用“黄河之水天上来，奔流到海不复回”来起兴，是爆发式、力量型的。黄河之长、之大、之非凡，人所共知。这从天而降的长、大、非凡和剧烈动荡的物象合成为一种壮大的、给人以生命感的景象，表现着飞腾咆哮、永恒无限的巨大生命力。但滔滔黄水，奔流到海不复回，其生命消失迅速，一去不返。诗人选用了一个非凡的雄浑博大的形象，很自然地过渡到人生的沧桑易老：“君不见高堂明镜悲白发，朝如青丝暮成雪。”——由写景转入写人世——在堂屋明镜之前，照见自己的白发而生悲：早晨还是满头青丝，傍晚就变成了雪白。

如果前一句是空间范畴的夸张，那么，后一句则是时间范畴的夸张。人生由少到老的过程被说成是朝暮间之事，夸张地写出了人生的短促、人生的有限。人的头发朝黑而夕白是不可能的，然而这艺术的夸张却最真切地传达出青春的倏忽易逝，也与上文黄河水奔流到海的形象和谐一致。

红颜易老，志士惜阴，最怕年华虚度。李白于天宝三载出离长安，至写诗时已经消磨八年时间在漫游中。诗人仔细体会黄河之水，堪觉这一过程伟大壮观，遂以黄河的永恒伟大，反衬生命的脆弱、渺小和有限。可谓悲感之极，一种巨人式的感伤，具有惊心动魄的艺术力量。

李白具有历史情怀。他深知生命有限，价值无限，把人生从头到尾看了个通透。黄河之水、镜中白发，都引起他对生命、对人生的深刻思考。而其思考，并非停留在一般意义上的对时光匆匆流逝及人生短暂的哀叹惋惜，而是在更高层面关注着自我存在的价值。“对酒当歌，人生几何。譬如朝露，去日苦多。”如果说曹操把其感叹和忧思浓缩在一滴朝露上，那么李白则是将之寄托于江海。任何个人都不过是历史长河中一粒微不足道的尘土，区别只在于个人在这条道路上留下的足迹的深浅。人既然存在，他就不得不存在。既然活着，他不得不活着。既然存在，既然活着，就应当做点什么。在李白看来，这正是其自我存在的价值所在——生命对每一个人都只有一次，但时间无声流逝，我们应该珍惜时间，珍惜生命的来之不易，让自己的人生更有价值。

2009 年 7 月 11 日，一天之中，两位大师辞世：93 岁的国家图书馆原馆长、哲学家任继愈先生，98 岁的北京大学资深教授、东方学家、印度学家、梵语语言学家、文学翻译家、教育家季羡林先生。

在半个多世纪前，诗人臧克家写道："有的人活着，他已经死了；有的人死了，他还活着。"大师之"大"在于大学问、大智慧、大境界、大人生。他们从不自封"大师"，因为深知"三人行，必有我师焉"；他们以在人生、学问之路上奋力前行为使命。曾有学生问任继愈人生的目标是什么，他沉思良久："只讲自己弄明白了的话。"古人云：七十而从心所欲，不逾矩；任先生 80 岁时却治印章：不敢从心所欲。季羡林先生在病榻中也"三辞桂冠"。

这样的人生，即使没有任何鲜花和掌声，也只有悲慨而无悲观。走过的路途不灰暗，反而鲜亮；经历的人生状态不是一种冷清的、停止的，而是向上的、昂扬的、无限的。这是对生命的肯定和珍惜，体现着信心和力量。

## 一、有限的生命，无限的价值

人生短暂，所以要充分利用时间，创造无限价值。每时每刻和时间赛跑，有人被时间埋没，有人被时间推起。但每个人拥有的时间有限，却要用有限的时间完成无限的梦想。每个成功的人士，都会认真地对待自己的每一分钟，充分利用自己的每一分钟。鲁迅在文学界具有领军的地位，与他充分利用每一分钟分不开——"我无非是把别人喝咖啡的时间用来看书了而已"。李白说，"夫天地者，万物之逆旅也；光阴者，百代之过客也"（《春夜宴从弟桃李园序》）。生命和时间是人类永恒的话题，也是决定我们存在于这个世界上的首要因素。有人说生命就如同一辆正在开往消亡的列车,不会有片刻停留,时间随时都将带走我们的生命,所以当我们还拥有它的时候,就必须真情对待,倍加珍惜,用自己的全部精力与热情去燃烧自己的生命,让它的消耗变得不再没有价值与意义。

然而,对于每个人都仅有一次的生命要如何度过才能算是有意义呢?“无志空活百岁,有志不在年高”,对生命意义的评判还是要看它是否有着远大的理想与志向,并在理想与志向的指引下,最大化地实现人生的价值。

当代德国曾经评选出“十大伟人”,最年轻的索菲·朔尔,死时仅仅 22 岁,是其中唯一的女性,但她是最负盛名的“白玫瑰”:她暗中参与制作和散发纳粹的“白玫瑰”传单,并因此慷慨就义。当时在纳粹德国内部,个人言论受到高度限制,形成“沉默的大多数”的晦暗格局。索菲以弱小的个人之力,发出正义的声音,以如花的生命实践着关于“发声”的自由哲学。

因为,在生命的长河里,每个人都是一个泅渡者,长河流波,从不曾因为我们的进入与离开而发生改变。当我们真的渡过这条我们一生都身在其中的河流,在对岸上岸,晒干身上最后一滴水摆脱了最后的一点痕迹的时候,是否还会有人记得我们曾经在这条河里存在过?人性总会使得我们去思考这样的问题,于是我们不甘于被时间抛弃,被历史忘记;因为我们都是情感动物,这也是我们之所以会感叹时间流逝的重要原因。那些没有细腻思维与情感的动物,当然永远不会懂得除了天性之外的爱为何物。

樊锦诗,一个美丽的女人的名字。40 余年后,她的名字,却在大风沙里成长为一种精神。当这个从北京大学历史系考古专业毕业的上海姑娘在 40 年前执意来到中国西北部的敦煌研究院工作时,这里除了戈壁就是荒凉。

但她想,生命不应该以一种华美的姿势结束。她沉浸在石窟的保护、研究和发扬工作中,不但完成了敦煌莫高窟北朝、隋及唐代前期的分期断代,也为祖国培养了大批人才。她已经把对莫高窟、对古老智慧和文化的热爱变成了生命中的一部分,上升成一种责任，一种可以与天地共存的使命，一种在碌碌无为的生命虚度中无法体验的幸福。

陈三立是在中国抗日战争中非正常死亡的中国文人之一。他是著名的诗人，清末"四公子"之一。1933 年居住在三子陈寅恪位于北平的家中。"九一八"事变后，他得知日寇攻占沈阳的消息后，激愤难眠；1932 年"一·二八"淞沪抗战，日寇侵略上海闸北，他亦忧心忡忡，深夜于梦中大呼"杀日本人"。在北平，他订阅多种平津报纸，密切关注时局的发展。北平沦陷后，陈三立日夜忧愤，旧疾复发，他拒绝服药进医院，后竟然绝食 5 日逝世，享年 85 岁。

所以，我们总是会记住那些名流青史的英雄，他们能够始终活在历史中，虽经千年而不褪色，就是因为他们有对国家和民族的大爱。这种爱让他们用其短暂的一生赢得那么多的爱戴与尊敬，被万世传诵，永垂不朽。

在他们身上，体现着生命可贵，但大爱更值得珍重。因为爱是人类最美丽的语言，也是掌握在人类手中的唯一可以与时间抗衡的东西。时间用生命的方式把它交到人的手中，人就应该用自己的生命去丈量时间的意义，体现生命本身无上的价值。

## 二、寸金寸光阴

时间是我们每个人的生命载体，也是我们每个人所能掌握的最为宝贵的东西。时间总是默默地踏着无声的脚步，四季轮转，昼夜交替，我们总是看到它匆匆离去时的背影。不论你是平凡还是伟大，是叱咤风云的大人物，还是普普通通的升斗小民，它从来都不会为任何人而停留，它习惯于用平等来对待芸芸众生，它能给珍惜它的人以无穷的财富与智慧，同时却也给不懂得珍惜它的人以无尽的惩罚与痛苦。它能使沧海变为桑田，使童颜变成鹤发，它不光能带走我们的青春，还能带走我们的生命。

伟人之所以能够成为伟人,除了拥有许多优于常人的地方以外,懂得时间的重要性从而去珍惜它更是他们成功的一个要诀。鲁迅是我国著名的文学家、思想家和革命家,在中国近现代文学与思想史上的地位无出其右者,他一生笔耕不辍,视时间为生命。他曾经对别人说过这样的一句话:“时间就是生命。无端的空耗别人的时间,其实无异于谋财害命的。”他是这样说的,也是在实际之中这样做的,把别人“用来喝咖啡的时间”也都挤出来用来创作,几十年如一日,就在他逝世前不久,还在病床上写文章,写日志,对时间的珍惜态度至死方休。正因为如此,他才能为后人留下一千多万字的精神食粮与无尽的思想宝藏。

美国一位预言大师在一所大学开讲座,中间休息时,有两位同学找到他,请他预测一下自己的命运。预言大师微笑道:“请你们认真考虑一下,如果上帝无条件给你们10分钟时间,也就是说,这10分钟时间具有无限量的魔法,你们可以随意运用。你们会用来做什么?”第一位同学想了想说:“我希望我的爸爸失忆10分钟,我可以从他那里拿更多的钱,而对他来说,我只拿了一点点。”第二位同学说:“我希望把这10分钟全部用在急需时间的人身上。比如将要被汽车撞到的人,可以利用这10分钟时间躲过;被地震、台风等自然灾害侵袭的人们,可以利用这10分钟时间逃生;生命垂危的病人,可以利用这10分钟时间等待最佳的治疗方案;生活贫困的人,可以利用这10分钟寻找机遇,使生活出现转机……”

预言大师听后,说:“第一位同学,你的命运已经很不错了,但要注意节俭,不然晚年可能穷困潦倒。第二位同学,你虽然现在很苦,但将来能成为出色的政治家。”第一位同学很不服气,说:“我爸爸是金融大亨,将来我会继承他的财产,晚年怎么会穷困潦倒?”

后来,第一位同学继承父业后不懂得勤俭节约,最终在一次金融危机中致贫,晚年流落街头;而第二位同学一直发奋读书,热心公益,成为美国第39任总统——吉米·卡特。

预言大师之所以预言准确,是因为他善于研究事物的发展规律，深知人最终都会老去，无论是伟人还是平民，无论是孜孜以求，还是碌碌无为，都无法逃避大自然的规律。通过某些细节，他提出“给你 10 分钟”的问题让你回答，就是看这个人怎样运用时间，怎样对待时间。时间就是生命；若干个“10 分钟”累加起来，就是一个人命运的轨迹。

处于青年时期的人，初生牛犊不怕虎，处于暮年时期的人，难免会产生消极、悲观的情绪。他们没有了红润的面色，灵活的关节与充沛的精力，也没有了那么多的明天。面对这样的晚景，李商隐在他的《登乐游原》里写道，“夕阳无限好，只是近黄昏”，道出了许多人的心声：夕阳虽然看起来十分的美好壮观，却濒临结束，最美好的青春年华已经无力挽回。但是同样暮年的刘禹锡，在他的《酬乐天咏老见示》里，却以另一种姿态写下了对于晚景的不同理解：“莫道桑榆晚，微霞尚满天。”他用这种积极和乐观的心态告诉我们，不要说日到桑榆的黄昏已经是让人悲哀与感伤的晚景了，它所洒出来的晚霞还能够布满天空，换来一片灿烂呢。

莫道桑榆晚。人的老去是一种谁都无法抗拒的自然规律，是时间在每个人身上都会留下的印记。但是如果我们在面对这些的时候，能够保持一种昂扬与向上的心态，那么老去只能代表我们身体机能的下降。

曹操在建安十三年，也就是他 54 岁时，北征乌桓胜利而还，在到达碣石的时候写了下著名的《龟虽寿》，里面有这样的几句：“神龟虽寿，犹有竟时。腾蛇乘雾，终为土灰。老骥伏枥，志在千里。烈士暮年，壮心不已。”诗中写到神龟与腾蛇这样的神物也不能摆脱时间的客观规律，也要经历由生到死、由盛到衰的过程；但是老马虽然只在槽枥之间，却没有失去驰骋千里的志向；有抱负的人哪怕是到了暮年，也不能消磨掉想要成就一番大事业的理想。诗人此时也正是处于他的暮年之初，但是他始终抱着自己的理想，并没有因为年老体弱，青春不再而消极与消沉，终成为一代豪杰。

时间总是悄悄地溜走，等我们领会过来时，却发现人生所剩已寥寥无几！

生命对每一个人都只有一次，但时间总是喜欢用无声的脚步在你身边悄悄流逝。所以我们应该珍惜时间，珍惜生命的来之不易，让自己的人生更有价值。



## 三、余论十则

### 1. 敬爱身边的亲人是蒙福的源头

我们每个人的生活中都会有这样的人：他们在你孤单的时候，静静地在你身边陪伴；在你无力的时候，给你一个宽厚的肩膀；在你高兴的时候和你一起分享快乐；在你即将接受考验的时候，给你真挚的祝福……无论是谁，在什么时候，这样的祝福与爱将你环绕时，你就会觉得幸福与满足。

爱是人类最为普遍也最为崇高的情感，有了对生活的爱、对别人的爱，我们才会对自己和别人更加美好的生活产生愉悦的向往，才会把祝福由心里堆积，由嘴里说出。我们应该从内心深处去珍视它，去爱惜它，继而去珍惜给予了你这些的亲人和朋友。记得时刻去敬爱那些给了你祝福与爱的亲人与朋友，他们对于你来说会比无数的财富更加重要，是他们让你在这个世界上不再寂寞，是他们让你在这个社会上更加充实，他们用爱时刻温暖着你，包围着你，这种不求回报的爱，才应该是你最值得珍惜的宝藏。

### 2. 一生都读书，读书过一生

无论是现今还是过去，书籍都扮演着一个不可替代的角色。苏联著名的作家高尔基曾经说过这样一句名言："我看到书籍，就像是饥饿的人看到面包一样。"

"吾生也有涯，而知也无涯。"毛泽东一生都酷爱读书，从青年时代开始,他就为追求救国救亡的真理而广泛涉猎各种书籍,并在其中汲取了丰富的营养。后来到了建设社会主义时期,他也从未减少过对书籍的钟爱,即使是重病缠身的生命最后时刻,他仍然让秘书手拿着文件在病榻上给自己读书,直到溘然长逝。正是这种终身与书籍为伴,不懈追求知识与真理的精神,让这个从韶山冲里走出来的青年,走过了井冈山麓,走过了茫茫雪山,走过了延安窑洞,也走过了西柏坡的村舍,最后走到了中南海。这一路走来,他走出了一个新中国,走出了全体站起来的中国人民。书籍不仅改变了他一个人的命运,更改变了全体中国人民的命运;不仅改变了中国,而且改变了世界。

就让书籍成为我们的一双翅膀,成为我们踏向成功的阶梯。

### 3. 有限的人生,无限的梦

生活中我们都会有着种种的无奈,面对很多的东西,我们有的只是叹息。我们只是一个人,一个行走于天地之间的简单而又复杂的生命;我们的精力有限,不能去做太多自己喜欢做的事情;我们的财力有限,不能去买太多自己喜欢的物品;我们的生命也有限,经常会在生命的最后时刻后悔有很多事情还来不及做,生命的脚步就戛然而止。

我们面对的就是一个如此现实与无奈的世界,注定要面对如此多的困难。但是上天在给了我们如此之多的条条框框的同时,却也给了我们一个最轻盈与美好的无限,那就是梦想。我们每个人都可以拥有无限的梦想,无论你是白发苍苍的耄耋老人,还是意气风发的锐气少年,无论你是贫困还是富有,无论你是位高权重的高官还是普普通通的平民,在梦想面前都一律平等,谁都可以拥有专属于自己的无限梦想。梦想的世界里没有不可能,没有不切实际,只要你想,梦想就会突破极限,突破那些围绕在你身边的无奈,无限地弥漫于天地之间。

4. 有限的精力，无限的活力

活力是一种心理状态，是一种生活态度，它所代表的是一种积极向上与昂扬的精神。精力的有限，就决定了我们在做事的时候要有一个主次顺序，先去解决主要的，再去解决次要些的。

但是无论我们做什么，都请将活力与热情带在身边，它们是帮助你将这些事情做得又快又好的一个重要因素。很难想象一个死气沉沉的态度能够让你身体的各个分子之间在做事情的时候发生积极的化学反应。活力的作用，更多的是从内部让你去把自己的热情释放出来，投入到所做的工作之中去。只有对一件事情的成功充满着渴望，并让这种渴望转变成一种对自己态度的刺激，这种情形下的人才能以一种充满活力的状态去面对自己的事业，也才有更大的概率在事业上取得成功。

5. 经历有限，智慧无穷

青年时期，我们的人生历练还相当匮乏，所得到的知识基本上都来自于书本或者是别人的口中，很多东西由于不是我们的亲身体验而得到的，就难免会让我们觉得模棱两可，抑或领悟上出现偏差，使得自己常常感到疑惑与迷茫。就如同“小马过河”故事当中的小马一样，面对湍急的河水，对自己能不能过去产生了怀疑。面对大家的劝告，只有自己直接下到河里，才知道河水的深度。

面对自己想做的任何事情，都要勇于去尝试和探索。亲身的经历才会为你反馈出最真实也是最详尽的第一手资料，这是在别人的口中或者书本中都无法获得的。人生始终都是你自己一个人的，不论别人怎么在乎你、爱你，你始终要自己一个人走完它；别人给你创造出再多的教条与经验，都不及你自己去亲身实践得来的知识更让你印象深刻。努力去开阔你的视野，去增长你的见识，去丰富你的经历，这些对你的成长，对你的未来都是无比重要的。

### 6. 有限的生命创造无限的价值

长寿是每个人都向往的,能够延长自己的生命与活力,是每个人都愿意去尝试的事情。我们无法改变生命的长度,却可以改变它的价值。人的生命或长或短都是有限的,但是我们用生命创造出来的价值却是可以无限的。这种价值就体现在你要朝着自己心中的目标去努力拼搏,永不言弃;不论最后的结果如何,这种过程本身就使得你的生命没有虚度,不再平庸。

在探寻自己一生价值的道路上,无数的仁人志士、英雄豪杰给我们树立了诸多的榜样。他们可以为了自己崇高而远大的目标与理想去拼搏奋斗,有的甚至为了自己的理想和他人的幸福而付出了自己最为宝贵的生命。他们的人生也在这个过程中实现了自己的价值,虽然短暂但是绝不平凡,可能曲折却极其辉煌。我们生命的有限,根本就不会也不能成为我们甘于平凡与无为的理由,只要你的心足够坚决,就能让有限的生命创造出无限的价值、焕发出无限的光彩。

### 7. 有限的岁月倾注无限的爱

时间有的时候是可以吞并一切的,但是,除了爱。爱是人类最美丽的语言,也是掌握在人类手中的唯一可以与时间抗衡的东西。时间用生命的方式把它交到我们手中,我们用自己的生命去丈量时间的意义。

我们总是会记住那些名垂青史的英雄,虽经千年而不褪色,就是因为他们有对国家和民族的大爱,是这种爱让他们用其短暂的一生来获得那么多的爱戴与尊敬,被万世传诵,永垂不朽。

我们还能记住刘兰芝与焦仲卿之间忠贞不渝的爱情,梁山伯与祝英台以化蝶而生生世世相伴相随的爱情。这样的爱同样感天动地,百世流传,为人们所歌颂与铭记。

真正能够长存的只有爱,能够历经时间淘洗而依旧鲜活依旧流传在世间的只有最真挚的爱。就让我们在有限的岁月之中倾注无限的爱，用爱去感知生活，去领悟生活，就一定能够得到更多。

8. 建功立业的豪情

我们每个人都可以拥有无限的豪情，无论你是贫困还是富有，无论你是官员还是平民，都可以有自己建功立业的豪情。豪情与梦想一样，没有不可能，没有不切实际，只要你拥有，人生的豪情就会突破极限，突破围绕在你身边的无奈，无限地弥漫于天地之间。

人生如火炬，如果始终以一种微弱的光芒去换取更多的持续，却不能在自己还存在的时候去照亮外面的世界，给他人带来方便，为他人创造出价值，那么这样的火炬显然是没有多少价值的。如果它能燃烧得炽烈、充满豪情，可以照亮自我，还能为他人带去光与热，那么，无论它燃烧的时间多么的短暂，也是高尚的、有意义的。对待生命价值的评判也应当根据这样的标准，并不是看你的生命是否足够长、足够久，而是要看你的生命之火是不是真的足够炽烈、足够精彩。因为，生命虽然有限，但是拥有豪情的生命能够创造出更高的价值。

9. 秉烛夜游的欢宴

古诗十九首里面有这样一句："昼短苦夜长，何不秉烛游。"意思是人生苦短，要想尽一切办法去珍惜时间。白天的时间如果不够，就应当珍惜漫长的黑夜，焚膏继晷、夜以继日地利用一切可以利用的时间。

其实，只有零碎的决心，而没有零碎的时间。只要我们好好把握，我们就能够成为时间的主人，用它去实现我们的理想，而不是在青春不再之时才为了当年的虚度年华而悔恨，为了当年的碌碌无为而羞耻。

秉烛夜游不仅是一种情趣，一种洒脱，更应该成为一种坚持。时间在每个人面前都是一样的，但是它有的时候像橡皮筋一样，可长可短;如何让它在我们的手里把弹性发挥到最大,是我们每个人都应该认真思考的问题。那些最伟大的成就也是从那些看似细微与零散的时间中完成的。一件衣服如果打了补丁就会影响它的美观,但是时间不同,它不怕拼接与补丁,一点一滴的拼接与补丁愈多,才愈发显出它的珍贵。

### 10. 莫道桑榆晚

人最终都会老去。为此,李商隐慨叹"夕阳无限好,只是近黄昏",刘禹锡却乐观地说"莫道桑榆晚,微霞尚满天"。

老年人也许不再拥有年轻人的朝气与干劲,但是他们丰富的人生阅历与经验,是年轻人不经过时间的洗涤和岁月的磨练而不能达到的。若能利用自己的独特优势与长处,扬长避短地去激活人生,自己不抛弃自己,那么就没有人能够抛弃你,不重视你。老年人也能拥有像年轻人一样的心态,时时刻刻迸发出自己的活力,让生活更加美好与睿智。

我们得到上天的眷顾来到这个世界上,许多人都对这趟旅行的意义存在疑问,每天都在茫然之中探索:人类所有伟大的成就,所有可看作不朽的永恒,都是由无数的瞬间串联而成的,它们并不相悖,瞬间里我们也能看到永恒。生有涯而事无涯,我们不过是在时间之中旅行的一个过客,在天地之间飞翔的一只沙鸥而已。读书思考,学习知识,积累经验,体验情感,寻欢知乐,感受生命……

# 第三章 人生得意须尽欢

## 满足的人生——开心

"人生得意须尽欢",从表面上看,是在宣扬一种及时行乐、享乐的人生。实质上,诗人在这里表达的是一种满足的人生观——人生苦短,但快乐永恒。在生活中时刻寻找快乐,时刻拥抱欢乐,这样的一生,积极而满足。

李白一生与酒为伴,人称"酒中仙"。但是鲜见有人说李白是品酒的高手。他喝酒,却不以酒的品质高下来选择:可以是皇帝钦赐的御酒,能让其大醉数日;也可以是普通乡人酿制的水酒,欢饮照旧。

酒,在李白看来,不仅仅是杯中物,且是怀中品,是他的欢乐人生的一种寄托。在他眼中,米粮可以酿制成酒,山水可以酿制成酒,人生的满足与欢乐一样可以酿制成酒。

既然有了如此的心境,怀了这般的美酒,不醉又如何呢?

若是真醉,李白也枉叫做"谪仙"!他醉的不是杯中的美酒,而是人生中随意的欢乐。这一个"尽欢",是何等的满足!

## 一、人生快乐就在生活本身的满足

中国人讲起"黄粱美梦"的典故时,总是于眉飞色舞中带了无尽的落寞。为何?只因人生是一个不断寻找幸福欢乐的过程。恰如看风景,许多人总是认为最美的风景在远方,所以总是说:去远方吧!到了那里就可以尽情享受幸福的生活了。

但是,远方本就是虚幻的一个代名词。正因为无法到达,所以才会给人以无限美好的幻想空间。这种美好的欢乐就如所做的美梦,好是好,不能长久。梦醒时分,除了汗涔涔、泪潸潸,就没有别的了。

诚如李白。有人说他寄情山水,游历天下的本身就是一种对美好事物的追寻。事实上,李白并非是单纯地游览山水,而是在山水的灵秀间释放自我的快乐。如果不是对于人生的欢乐的深刻领悟,李白又如何能在山水之间留下大量脍炙人口的伟大诗篇呢?

因为,诗人深深知道,人生的快乐就在生活本身的满足中。

李白是懂得这些的。所以,他及时举杯,及时行乐。

人生其实就是如同柏拉图走过的那片田野,没有回头路,也不可能如演戏一样,在正式开演之前,先有彩排,有可以修饰的机会。而幸福就是在每个人眼中最美的那朵花。

也许这朵花并不是最美丽的,但是对于摘花人来说,是最美的。而与它时刻守护在一起,也就守护住了幸福;有了这样的幸福,人生也就获得了满足,获得了快乐。

人生的欢乐啊,就如那朵最美的花,无论盛开还是即将凋零,只要摘花人感到幸福,就可以永远相伴,而不是在享受它的美的同时再去寻找其他的花朵。

要知道,满足的幸福很脆弱,如果不用欢乐浇灌,即使你把它摘下携带在身边,它也会很快地枯萎。

## 二、真乐,兴尽无悲

李白的一生,如看他的诗篇,充满着活力,洋溢着欢乐。不是他无忧,也不是他无苦,而是他不把忧苦时时记在心间。只要能够欢乐,他就要及时行乐,只因为忧苦催人老,真乐,兴尽无悲。

就如山川大河,当它从发源地启程,最初的时候,总会跌宕在滚石峡谷中,水泻直下三千里,虽然会激起惊涛骇浪,虽然会被高山阻隔,但若停留,就只能成为一滩死水,再也不能拥抱自己的理想。所以,它顺山势而行,绕地势而进,在曲折之间创造美,也享受美。所以,在即将融入大海或者湖泊的时候,我们总是看到它们安闲的以与大地平行的姿态缓缓前行。

所以,世人爱李白,如唐人之爱牡丹。开花时一定热烈,凋谢时也不失壮观。

因为，大多数的人，都会有着“林花谢了春红，太匆匆”的感慨。他们总是固执地认为，快乐的时光是如此短暂，所以才珍贵，让人回味起来是又温暖又凄凉的。

如此的欢乐，李白绝不为也！

他要的是“人生得意须尽欢”，要的是真乐后的兴尽无悲。

既然快乐的本身来自于对生活的满足，哪还有什么比紧紧抓住生活中每一个可以尽欢的时刻更加的让人满足呢？

如果是，则无憾。无憾，则无悲。

曾在路上，见一位白发长者不小心在桥上掉了一只鞋入水。看着那只十分新的鞋子随水流漂走，众人莫不惋惜，却见老人毫不犹豫地把另一只鞋也脱下扔到水中。看着众人奇怪的目光，老人坦然笑道：“这双鞋不管多么新，多么昂贵，丢了一只，对我而言，应该无用。扔到水中，说不定会有人捡到一双完整的鞋，也许还能穿穿。”

对于老人，他正在享受真正的乐。有新鞋穿，他乐；没有新鞋，他也乐，因为这鞋会给捡到的人带来快乐。这种境界就是真正的“进亦乐，退亦乐”，把生活当做了最为纯粹的欢愉。

就如李白，在能欢乐时一定会欢乐。快乐本来的面目就是纯粹的，没有杂质，也没有太多自己心事的寄托，否则就成为一种别扭的掩饰。就像一个强颜欢笑的泪人，纵然骗得了画像的人，又怎么能骗得过自己的那颗七窍玲珑的心呢？而且，年华是如此的漫长，谁又能骗得了自己一辈子呢？

## 三、精神上的自由

李白不但让后世之人折服，也让当代人对他肃然起敬。他有着精神上的自由。

不管外界有多少枷锁，不管他的人生在世人看来是多么的不如意，他的抱负是多么的遭受打击，他都拥有令生活在俗世中的人为之汗颜的自由——精神意志上的自由。

山中的猎人都知道，山鸡虽然是很孱弱的动物，却宁愿走十步或百步，冒着生命的危险去寻找食物，也不愿意被关在笼子里面做一只家鸡。

对李白而言，帝王虽然神圣，也没有什么绝对的好。

对李白，对普通的大众而言，吃着五谷杂粮，过着平平凡凡的日子，自由就是顺心尽兴。当然，能顺心尽兴不是吃喝嫖赌，不是酒色财气，不是堕落腐败，而是有追求，不贪心，愿意奉献，要不亏心，要顺和，但不违心，不同流合污。

人生不是静止不动，而是在不断的变动之中。人生总要追求什么，完全浑然无所求的人几乎没有。人要生存，要生活，要有一定的物质保障，以满足起码的生存需要。这样的物质追求也是天经地义，无可厚非的。即使是功名利禄，只要是付出所得，也应该是受之无愧的。即使是李白，也要为了稻粱谋，谋求一番。

但是，如果对于这些物质的追求变成无止境的追求，并以此作为人格的追求，价值的追求，必然会贪心不足蛇吞象。譬如说在职场里，一次的涨工资，一次好职位的调动，没有能够让自己的追求达到理想中的目标，就耿耿于怀，或伤心劳神而穷追不放，或整天抱怨不做工作，甚至于放肆撒泼。

事实上，心愿与现实常常阴差阳错，有时候或许能够歪打正着。比如我们中有些人想当科学家，现实生活却让你成为一名普通的工人，不但没有令人尊敬的光环，也许还要一身泥巴地受人奚落。但这丝毫不应磨灭你追求的精神，它仍然是自由的。只要肯努力，谁说爱迪生就是生来做发明家的？抱定希望，不断奋斗，不断前进，是金子总会发光。

因为，生活就是如此简单，只要你愿意，就可以和李白一样举起生活的夜光杯言欢，在精神上自我漫步。

## 四、让自己拥有美好的人格

李白已逝，但是他的名字和他的诗篇依然享誉世界。为什么呢？不仅仅为了他曾经让杨贵妃斟酒，让高力士脱靴这些风流韵事，而是他的人格，他的精神。

正如美国著名的总统林肯，生前能够公正自持，廉洁自守，从不践踏自己的人格，糟蹋自己的名誉。

所以，坚守人格，是世界上最伟大的一种力量。

也许，正是这样的对自我人格的坚守，使得李白能够"安能摧眉折腰事权贵，使我不得开心颜"，使得李白能够"天子呼来不上船"，使得李白能够"人生得意须尽欢"。

假使，每个人都能在人生伊始，就下这样一个决心：将自己的人格力量当作追求理想的资本，那么他在日后，即使不能得名得利，也至少不会在生活中失败。反之，一个丧失人格力量的人，永远都不可能成就真正的人生事业。

如果李白没有独具的人格力量，他又怎么能出污泥而不染？他又怎么能在人才辈出的历史长河中书写下自己的踪迹呢？

想来，很多人是认识不到这一点的。在事业上，他们也许看重的更是技巧。权术、计谋、甚至是欺诈，等等，而忽视了人的最美丽的一些人格：诚实、信任、坦荡、勇气，等等。

每个人都应该懂得，在自己的生命中，应当有宝贵的人格、高尚的人格，富贵不能淫，贫贱不能移，威武不能屈；懂得自足——欢乐与悲苦并存，选择欢乐，也就选择了满足的人生。

"人生得意须尽欢"，是满足的一生，是快乐的一生，是享受生命的一生。

满足的人生是人生的一种境界，懂得满足才会获得快乐，获得快乐才能享受生命！

## 五、余论九则

### 1. 开开心心过一生

人生不如意之事十有八九。人人都希望能够万事如意，一帆风顺，可是希望毕竟只是希望。既然未来是未知数，我们何不换个角度，好好地给未来解解方程式呢？人的一生是一页一页翻过的日历，既然每一天都是一个崭新的日子，为什么不让自己开心起来，积极地去面对每一天清晨的朝阳，去欣赏每天傍晚的夕阳余辉呢？既然压力是必须面对的，既然挫折是生命中不可避免的，为什么要去害怕压力而使自己悲观消沉呢？当我们开心地面对未来的日子，纵使是失败和挫折带给了我们摔摔打打的痛楚，我们依然能够用微笑去面对伤痛，这样，我们的伤口，不论是身体上还是心灵上，岂不是愈合得更快一些？

开开心心地过一生，最重要的是自己怎样权衡"开心"的尺度。不要放过每一个让自己开心的、微不足道的细节，不要忘记，每一次的失败都是让自己成长的机遇，这一生便也就平添了特殊的意义。人生要开心，其实，就是如此这般的简单。

### 2. 满足是心态的取舍

人们常常会抱怨，活在这个世上很累，很累。

许多人赞赏夸父那种锲而不舍的精神，并信誓旦旦地要让自己成为一个和夸父一样为理想而坚持不懈的人。而我，却觉得夸父逐日是个彻彻底底的悲剧。总有人不满足于现状，总喜欢把自己的目标定在望尘莫及的地方，然后有如夸父逐日一般，虽然历经千辛万苦，却始终因为未有"吹尽黄沙始到金"的成果而怅然若失。

其实，这些可悲的夸父们并非没有实现目标，而是他们走错了第一步棋。目标若是可望而不可及,内心就永远没有满足的快感和自信,人生自然一辈子背负着压力前行。在他们的眼中,生命里缺少的是开心的日子,是快乐的元素,是收获的满足。

学会在生活中找寻让自己满足的点点滴滴,每当一个目标的实现都能带给我们心满意足的快感时,就算身体早已倦怠,我们的内心依然是轻快的、自信的。

### 3. 世界是你的镜子

幽居在生活的角落看世界,心灵或许会疲惫,何不翻开世界背后的那面镜子,让别样的光明和希望注满心间,让诗意和甜蜜写满生活。

意大利女星索非亚·罗兰曾因自己的外貌而遭到嘲讽和质疑,但相信坚持自己的本色就会得到命运之神的眷顾。坚强、自信、乐观,65 岁高龄的她打败了许多年轻貌美的名模,成为"千禧美人"。懂得寻求镜子外的光明的人怎会不美呢?川端康成浅浅的一句:凌晨四点种,看海棠花未眠。这激发了多少人去寻找生活的诗意,寻找生活的惬意。漫漫的撒哈拉沙漠上留下了三毛无悔的足迹,阿里山秀山丽水的风光中留下了林清玄美丽的回忆——他们都看到人生的另一片天空,体味到人生的另一番精美和诗意,实现了自身的价值。

### 4. 有了财富你开心吗?

一个周末,罗伯特见鲍勃一个人坐在新买的房子里对着一张报纸发呆,原来他住在一栋价值 30 万美元的房子里,一夜之间,因房价暴跌,价值仅剩下 20 万美元。鲍勃觉得很亏。罗伯特突然觉得鲍勃的话很有道理,因为他也花 30 万美元在新墨西哥州买了一栋跟鲍勃一样的房子,现在也只值 20 万美元了。

整整一个星期,两人愁得茶饭不思。一天,罗伯特突然接到鲍勃的电话:"告诉你一个好消息,报纸上说,现在的房价又涨了,像我们那样的房子现在要35万美元才买得到。”罗伯特听了高兴得跳了起来：“我们现在住在价值35万美元的房子里，我们可真幸福啊！”鲍勃说：“是的，老伙计，我们真的很幸福，”

一个人幸福与否，并不取决于拥有多少财富，而是取决于内心是否平和。衡量幸福的砝码并不是得到多少或失去多少，而是内心能否知足。

### 5．非分的欲望是一副枷锁

在追求物质利益的同时，我们很容易在欲望的驱使下想要索取更多的东西，因此也就难免不会把手伸向那份不属于自己的财富；而这样的行为是有悖于道德伦理的，也必定会受到应有的惩罚——使得我们被欲望本身所束缚。如果拥有太多不应有的欲望，此时对物质的追求就不会激励我们热爱生活了，而是使人变得懒惰、自私、奸诈、贪心、无情，甚至成天幻想着不劳而获。此时，人的良心开始泯灭，友谊开始褪色，世间的快乐也都会烟消云散，最终成天只为了获取更多的东西而活，可悲地为自己戴上了枷锁，沦落为金钱和名誉的奴隶。

欲望有时确实可以催人奋进，获得前进的快乐，但过多的欲望会将人坠入深渊。那么，如何使自己在物欲横流的社会中不至于丧失方向呢？答案是要知足，要安于自己的应得那一份收获。不要过于贪心，不要强行索取得过多，这样方能解开因为贪得无厌而为自己套上的枷锁。摆脱脱离现实的欲望，才能让我们的内心澄净，才能让我们真正地享受快乐。

### 6．心情SPA

俗话说：“人之不如意之事，十有八九。”它道出了我们生活中太多太多的无奈，说出了现实之中许多许多违心的却又不得不做的事情。个人心中当然也难免会有不平，会有抱怨。

幸福的生活需要我们以宽容的心态去面对这些。所以，放弃抱怨吧，给世界换张微笑的脸，整天为一些小事情而喋喋不休、抱怨不停的人是不会幸福的。

放弃抱怨，认认真真地生活，用一种平淡的心去审视这个世界，在繁杂与不如意中体味一种属于自己的幸福……

### 7. 满足是情感的寄托

人的一生，不能简单地将奋斗作为唯一的目标。当你在奋斗中出现了挫折时，你的目标又会是什么？每个人都会遇到这样的情况。所以，我们在奋斗的同时，也要顾及到我们人生的情感寄托。

草木无情人有情，活在世界上，就有所思有所想，就必然有各种各样的寄托。人的寄托到底在哪里呢？归根结底，人的最终寄托在于心灵而非物质。物质乃是身外之物，只有情感的满足才能让我们真正享受到人生的快乐。人活着总要有寄托，不同阶段的人情感的寄托可以不同，如少年的情感应该寄托在梦想里，用自己的行动来证实自己的梦想；青年的情感应寄托在爱情里，让爱情滋润自己的人生与事业；中年的情感应寄托在亲情里，孝顺父母，培养下一代，承担起人生承上启下的亲情带的作用；老年的情感应寄托在天伦之乐中，他们应该无所欲也无所求，坦然地面对生命的每一刻。

### 8. 满足是内心的平衡

有一些人家财万贯，衣食无忧，家人也身体安康并无大疾。他们原本应该是很多人羡慕的对象，可是他们本人却感受不到这种幸福，因为他们并不满足于这些；因为还有人比他们更有钱，有更好的房子、更贵的车，世间还有好多东西他们都还没有享受，他们的事业还没有达到顶峰。于是丈夫整天为这些在外边忙碌工作，而妻子与孩子常为丈夫的冷漠吵闹不休。本该温馨幸福的家，因这无尽的欲望被糟蹋得了无情味、支离破碎。

还有另一些人，他们家徒四壁，每天也只是简单的粗茶淡饭，有的还家有卧床病人,甚至负债累累。可是他们已经很满足了,他们内心很平衡,因为他们还有最最珍贵的:亲人还活着,他们并不孤独!所以,对他们而言,怎么会不幸福呢?这样的家,又怎么会不温暖呢?

知足者常乐啊!幸福的生活,需要自我的满足,而满足是内心的平衡。

### 9. 快乐需要用心去体验

既然财富不能使我们体验快乐,那么我们就需要去重新去审视快乐的内涵。快乐不是玩物,而是丰富的人生经验,只有去经历、去感受才会有充实丰盈的快感。所以,不要试图用金钱去购买快乐,而应该用心去体验。

陶渊明厌倦了官场的尔虞我诈,而满足于田园生活,过着"采菊东篱下,悠然见南山"的雅致生活。我们只有学会满足,才能享受到人生的快乐。俗话说"凡事都退一步想",退一步海阔天空。当一个人屡受挫败,而当他想到"失败是成功之母"时,内心的悲伤就会褪去,反而得意之情油然而生。在中国的最具幸福指数的城市调查中,那些诸如北京、上海等一线城市并没有排在最具幸福指数的城市中的前列,反倒是那些名不见经传的中小城市名列榜首。这是什么原因?原因就是这些城市的人们都能知足常乐。

我们所说的享乐主义,并不是把人生与人的本能结合起来,整日沉迷于声色犬马、无所事事,而是一种暂时的停顿、一个积攒潜力的过程。当一个人遇到挫折时,需要及时的安慰,这样才能更好地面对困难。但是我们也不能仅仅沉浸在这种安慰中不能自拔,而应通过这种短暂的间隙来获取更大的力量去面对未来。这种享乐主义不是消极的"今朝有酒今朝醉",而是享受生命,享受生活,从困境中走出来,摆脱世俗的羁绊,真正地获得生命的价值,让自己的人生熠熠放光。这种人生说到底,其实就是满足的人生、乐观的人生。

# 第四章　莫使金樽空对月

## 欢乐的人生——给予

这个世界正是因为有了给予，才会有大家共同的快乐。

给予是人生最大的美德，懂得给予的人，才是值得尊重的人，才是应当结交的人，才是真正的朋友。“莫使金樽空对月”道出了李白豪迈的气魄，把自己的欢乐与朋友分享。金樽虽然贵重，若是无酒，没有志趣相投的人共饮，也同街角的瓦罐无异。

李白懂得要想欢乐，先要给予别人欢乐。手中有酒，自己也许会开心，看着周围的人手中空空，自己再开心也没有人来应和，这样的开心只能在嘴角上一闪而过，即如霜打了的花朵，再无半点光彩可言。既然如此，不如把手中的酒分给每一个空手的人，无拘多少，酒香会四溢，酒情会随着每个人的酒杯高举而勃发，皆大欢喜。这就是诗人给予的魅力。

试观李白一生，不但是坦荡的一生，也是欢乐的一生，天下交友的一生。并不因为他总是和朋友们喝酒取乐，而是在他能够于朋友中慷慨举杯。

若是一个人，即使手拿夜光杯也会因为孤独而失色。李白不会，就算只剩下他一个人，他也会高举手中的美酒，向天空邀请彻夜光辉的明月，向身边邀约随身舞动的身影，一同起舞，一起欢乐，一起分享人生中的喜与悲。

所以李白能够名满天下，能够“天下谁人不识君”。

## 一、在馈赠者眼中，酒与钻石同价

有人说，李白不过是给予他周围同欢乐的人一杯水酒而已。其实对于馈赠者李白来说，这一杯酒却是他此时最重要的礼物，最珍贵的财产。

一个人乐于馈赠，是一种高尚品格的体现。馈赠物的价值，无论在现实中有多小，有多轻，在被馈赠者送出的那一刹那间，它们的价值却会变得很大很重。

大家也许听说过克伊诺钻石——世界上最令人瞩目的珠宝之一，这颗由英国王室收藏的大金刚钻石，是一位公爵幼年时送给维多利亚女王的礼物。

多年以后，公爵已经成年。当他再次见到女王时，他请求再欣赏一下克伊诺钻石。

他手捧钻石，单膝跪倒在女王面前说："陛下，上次送您这颗钻石时，我还是个天真的孩子，对它的价值一无所知，更不知道把它送给人的后果……"在场的人都大吃一惊，都想：这位公爵向来守信忠诚，难道在珍贵的钻石面前，竟然要出言反悔吗？大家禁不住窃窃私语。

对众人的反应，公爵视若无睹，继续对女王说到："这颗钻石虽然价值连城，但作为礼物，当年它的价值却和一块好看的石头无异，因为那时送礼物的人并没有把它当作独一无二的宝物。今天的我，不再懵懂，完全了解它的价值，请准许我再次把它献给您。"说着，公爵把钻石举到女王面前，"不再作为儿童的玩物，而是作为一件稀世之宝。现在，我全心全意地把克伊诺钻石送给您，只有这样才能配得上我对您的感激和尊重。"

所以，礼物的价值，不在于东西的贵贱，而取决于它在赠送者眼中的价值。

杯中的美酒，在李白赠予与他同乐的朋友的同时，酒就如同克伊诺钻石一样珍贵。

恰如日常生活中，经济拮据的朋友请的一顿家常便饭，比富翁送来的整套大餐，更会令人念念不忘；拿出全部积蓄只能给山区贫困孩子买一双鞋子的赠送比挥金如土的贵妇随手捐出一件价值千金的貂裘大衣，更能让幼小的心灵充满希望；患难之友的鼓励，比春风得意的旁观者的慷慨陈辞，更能温暖有如严寒的心灵。

有了给予，我们的心灵才会碧波荡漾；有了给予，我们的生活才会洋溢着芬芳；有了给予，我们的世界才渐渐走上和谐；有了给予，我们的生活才更加美好。让我们伸出给予的双手，去给予那些正在需要给予的人吧。给他们一个关注的眼神，一只搀扶的手臂，一句关切的话语，一份慷慨的爱心。

所以，这酒、这钻石，给予的不仅仅是实际的物，而是一颗慈善的心灵。

## 二、勤于播撒爱的种子

得到尊重，受到爱护和被人关怀，是每一个正常人都希望的。据心理学家研究，爱和被爱是人类的一个基本需要，这种需要如果能够得到满足，那么人必能生机勃勃，并且会做出种种报恩的举动。

在与朋友相交中，爱也是最需具备的重要因素之一。李白不但诗作过人，在交友上，在于朋友的友情上，也为世人所称道。《行路难》中的两句诗“金樽清酒斗十千，玉盘珍馐直万钱。停杯投箸不能食，拔剑四顾心茫然”，很好地道出了朋友对李白的深厚友情。而他和汪伦之间的深厚友谊，被后人传为佳话：“李白乘舟将欲行，忽闻岸上踏歌声。桃花潭水深千尺，不及汪伦送我情。”（《赠汪伦》）给予在给别人带来快乐的同时，也给自己带来了快乐。

很难想象，一个心中冷漠无情，没有任何一点爱的人生将会是怎么样？他的人际关系会怎样？即使是天才，也需要时刻播种爱的种子。在人与人之间形成的花园中，爱是唯一的种子。若是懒惰，它便荒芜；若是勤于播种、灌溉，它就会向你散发爱的芬芳。

世界著名的软件大王比尔·盖茨就是一位善于播撒爱的种子的高手。

作为高科技行业的掌门人，比尔·盖茨深知人才是公司的生命之源。从创业伊始，他就把吸引人才放在首位，无论工作多么繁忙，他都会为了人才礼贤下士，三顾茅庐。

列恩夫妇是微软公司的两位著名软件专家。他们最初服务于华盛顿的军事思想库。他们委婉地拒绝了比尔·盖茨的邀请,甚至给出了种种听上去非常好笑的原因:没有价格适中的大房子,不适应坐班工作,不愿中断训练空手道,等等。

比尔·盖茨并不认为这好笑,恰恰相反,他认为这正是他播撒爱的种子的绝好时机。很快,他就为列恩夫妇制定了适合他们的弹性工作制,在离办公室800米左右地方购置合适的住房,并附上房屋结构的图纸,还为他们联系好了空手道训练馆,等等。

时至今日,列恩夫妇仍快乐地效力于微软公司。

我们常听别人说:"我真的被感动了……"我们此时若仔细想一下对方被感动的原因,或许会豁然开朗——那就是爱,是用爱去感动人,因为爱的确可以融化坚石——人类富有感情,这是上帝的赐福。

也许,当日的李白,在举起盛满美酒的金樽时,旁边只有一轮清月,他的心里一定充满了无尽的落寞。所以,他能毫不犹豫地把美酒分给别人,与大家一同欢乐,哪怕再次举向天空的金樽空空如也!

是真的空了吗?不会!即使空了,也立刻会被爱的美酒盛满。播下的种子,怎么能不开花结果就凋萎了呢?

其实,我们在生活中也应该这样,那就是:以爱为出发点,多给予。这不仅能给别人带来快乐,也能给你自己的生活带来丰厚的收益。

## 三、善举如春雨,润物细无声

善举,有大有小。大的,可以如世界上的亿万富翁们,设立种种慈善基金会,为生存在贫苦中的人们带来福祉。小的,尽一点微薄的力量,如终日在街头捡破烂的老者,为受灾的家乡捐出自己的三餐之费。

善举，不是谁规定谁必须做的，而是出自内心，出自于一个懂得慈爱的心。

世人都说李白狂傲，但他对朋友，对众生绝不吝啬。他宁愿和众人共饮一杯清淡的水酒，也不愿意高举金樽，一个人对着明月独酌。

如果说必须是一掷千金才称得上是慈善，那么倾其所有，更令人钦佩。

也许李白没有一掷千金，他也不过只是个游历四方的诗人，可能还过着朝不保夕的生活，但是他能够在他拥有的时候，拿出杯中所有的一切，和不管是穷还是富的朋友，共尽一杯。这样的情怀，如果还不能称得上是恩慈，那还有什么可以形容呢？

但是，李白好像并不需要称赞。他只是做到了他心中所想、所念的。他的恩慈，不需要修饰，恰如春雨，润物无声。

因为，上天有眼，上帝在看，世人在心中记忆。

著名的哈佛大学，除了大家熟知的创始人之外，很多的校友都曾为母校的兴旺做出了贡献。但是，时至今日，他们的善举许多是不为人知的。可是，这并不能减少他们的功劳。从哈佛的美丽校园，到哈佛的赫赫声名，哪一个不是浸染着校友们的悉心关切和善举呢？

我们要求自己有着健全的人格，希望自己成为某种有思想的人，所以我们加强自身修养，经常有意无意地去做些好事，对别人施以仁爱。这样做很好，可以提高自我的意识，认识到自己善良的品质和积极的自我价值感。

但是，我们为他人做好事的行为的本质，只是通过自己的善良行动为他人创造美好生活，而不是在行方便、做好事的时候，顺便告诉对方自己对别人也很好，从心里悄悄地企盼着对方对自己有所肯定，有所赞誉。

实际上，我们在做好事的同时，我们自有的、上帝早就赐予的良善的本性已经使我们感到愉快——仁爱的意义就在于此，所以千万不要贪图回报。

既然要付出,别人的感激和表扬就不是我们付出那一刻所需要的。真正得到的有意义的回报,是我们无私奉献的热情——只要有了这种热情,我们的生活就更加美好、更加惬意。

想想特雷莎修女吧。生活在那样的贫穷、饥饿、疾病蔓延的情形下,她的笑容犹如天使。

智者阿凡提曾这样告诫过世人:人家对你做的好事,你要永远记住;你对人家做的好事,你要立即忘记。

所以,多在我们自己的生活中试着真心实意地去帮助别人。给出爱的援手之后,不要让自己有意无意地想着"我将要得到什么样的回报"。最好是根本就没有这样的想法——这是一座自己背上的沉重的大山,背不动了就会压垮自己。当这一切完全是发自自我的意愿时,你一定可以体会到帮助他人而不图回报其中所蕴藏的快乐。

## 四、余论十则

### 1. 乐于给予,懂得感恩

我国古代的先哲孟子说过:"老吾老以及人之老,幼吾幼以及人之幼。"这就是说,每个人都应爱人,仁者爱人,把自己的爱奉献给别人,这样才能促进社会的和谐。给予与保留看似矛盾,实则可以在一定的条件下相互转化。有的时候简单的给予,得到的是更大的保留。汉朝名将韩信,当年穷困潦倒,幸得一老妪施舍半碗饭而存活下来。当他功成名就的时候,他回到原来救自己的老妪那里,深深地感谢她,赠送一千金。这一千金相比当时的半碗饭是不可估量的价值。老妪给予的半碗饭,到头来得到的是一千金,这说明给予不一定完全是消耗,有时反倒是一种储存,并且在一定条件下还有可能升值。

生活中需要爱，我们在生活中不能把自己的爱禁锢在内心，而要适当地释放，曾经受惠的人，更应乐于给予，让别人感受到你的爱。

2. 赠人玫瑰，手有余香

俗话说："赠人玫瑰，手有余香。"玫瑰是美好的事物，将手中的玫瑰慷慨地赠与他人，是千古留传的良训。人们正是秉承着这样的信仰，将单纯的自利行为发展为他利行为，以利于自身更好地生存与发展。

将自己心爱的东西赠予他人，虽然自己的东西少了，但我们可以获得物质上所无法带给我们的快乐。这是一种心灵的体验，只有经历过的人才能够感受到其中的美好。我们应该学着关爱身边的每一个人，对身边的每一个人微笑，我们自己的身心也是愉悦的，整个人都会向别人传达出一种快乐的信息，使别人得到快乐，我们同时也得到快乐。

3. 分享带来快乐

世界上像玫瑰一样美好的事物无处不在。好的东西是每个人都想去努力获得的。我们热爱世界源于对我们自身的热爱，获得美好的事物是我们对自身的赠予。将我们所拥有的美好事物拿出来与他人分享，在个人情感上可能会有些不舍；然而，经历过这一善举的人都能体会到分享的快乐。

传说所罗门王有一个装着长寿药水的瓶子，任何人只要喝上一点就能够长生不老。各地的人们听说了这个消息，都疯狂地簇拥在国王的圣殿前，向国王拜求赐予他们几滴长寿药水。但是，国王拒绝了。许多年过去了，所罗门王垂死病榻，就叫人把那瓶尚未启用的药水拿来，但出乎意料的是，瓶子打开后，长寿药水却已经一滴不剩了。因为这药水长年搁置不用，已经挥发掉了。当初如果慷慨地与别人共享，药水可能早已发生了效力。

一个人有好的东西，如果总是藏藏掖掖的，到头来恐怕好东西也要过期，也要变质，就连自己也没有充分享受到好东西带来的美好感受，这样也就失去了好东西存在的真正意义。

### 4. 自利与他利

一个小男孩笃信上帝，他问上帝："天堂和地狱有什么不同呢?"于是，上帝携着小男孩到了一个非常庞大的厅堂，两个食堂管理员模样的人抬着一个盛满食物的桶走了过来。他们给每个人发了一只碗和一个有着很长手柄的勺子，并且给每个人碗里都加满了粥。这些人都饥饿难忍，试着用长柄勺将碗里的粥舀给自己，可惜手柄太长，根本无法吃到。小男孩感觉很诧异，上帝便携着他又来到了一个新的地方。这里与刚才的地方并没有太大的区别，也是同样的建筑，一些长相与刚才并没有多少区别的人，同样的长柄勺子与同样的粥；但唯一不同的是，这些人并没有用勺子将粥舀给自己，而是用它将粥送到对方的口中。人们都开心地笑着、交谈着。上帝看着小男孩，问："现在你知道天堂与地狱的区别了吗?"

很多时候，冷漠与慈爱只在一念之间，地域离天堂也只在一念之间。

### 5. 举手之劳

世上有许许多多的高山，也有比比皆是的丰功伟业。然而，我们只是平凡之人，我们的力量是如此渺小。但在我们短暂而平凡的一生中，可以试着去做各种有益的事，我们的品德也会在这些公益事业中获得提升。人们对他人的帮助并不建立在丰功伟业之上，很多时候只是举手之劳，只因个人所处的位置不同而相异。

世上有许多需要帮助的人，我们有时会因为自身力量的渺小而遗憾地走过。殊不知，即便是一个小小的微笑抑或一句同情的话语，也会给危难中的人们一份力量。我们需要时刻怀揣一颗帮助别人的心，即使在物质上我们还没有能力付出很多，只要我们肯付出爱心，周围的人一样能感受到我们的真诚，而这往往只是举手之劳。即便你处在一个很低的位置上，你依然可以凭借自己的美好品行帮助别人，哪怕只是一个甜甜的微笑，也可以为需要帮助的人提供一份温馨的力量。

6. 做个好人

村上春树说："人这东西说不定什么时候会死去，人的生命要比你想的远为脆弱，所以人与人接触的时候，为了不给以后留下懊悔，应该做到公平，可能的话，还应真诚。"

做个好人，需要我们坚持自我，不与世俗同流合污。我们不仅要做好社会的环保，更要做好自己内心的环保，做个好人，从自己的心开始。

做一个好人，要有自己的原则，穷则独善其身，达则兼济天下。生活中肯定会遇到一些不公平的待遇，我们应该知道在改变不了事实的前提下，要做到独善其身，坚持自己的原则，不为世俗所动，坚持自己的正确的人生观、价值观、世界观。当生活充分肯定自己时，要做到能够胸怀天下，为社会的发展、国家的富强做出自己应有的贡献。

7. 世界因爱而美丽

从古至今，世界上有太多让我们感动的事迹。白求恩大夫，支援中国抗日战争，最终在手术时割破手指，感染了病菌，牺牲在岗位上 。丛飞把所有时间都给了那些需要帮助的孩子。他曾经用舞台构筑课堂，用歌声点亮希望，后来，他的歌喉不如往昔嘹亮，却获得了最饱含敬意的喝彩。2008 年的汶川地震和 2010 年的玉树地震，让所有中华民族人民的心沉痛起来，但是我们的民族凝聚力是巨大的，其中的感人事迹层出不穷。大爱无疆，人间真爱感动天地。

当越来越多的人感叹生活无奈时,他们都懂得:就算有多么不如意的事也好,也要自己对自己讲,我忍得住;就算有多么大的挫折也好,也要对自己讲,我撑得住;就算有多么伤心绝望也好,也要对自己讲,我看得开。然而,支撑他们坚持下去的理由,我相信也离不开一个爱字。因为心有所爱,就有所牵挂,就有责任的来源,也就有努力上进的动力。总之,社会因爱而和谐。

### 8. 我们需要被传染"欢乐病"

哈佛大学医学院教授尼古拉斯·克里斯塔基思与迭戈加州大学政治学家詹姆斯·福勒曾经做过关于快乐能否被传染的调查研究。他们用一个由 4 个问题组成的简单测试来检测人们的愉悦感。数据显示,有着最多社会关系的人(包括朋友、配偶、邻居和亲人在内)是最快乐的人。克里斯塔基思说:"你身边每增加一个快乐的人,你都会更加快乐一些。"他们还发现快乐比不快乐更容易传染。福勒说:"如果与你有社会关系的人是快乐的,你快乐的可能性会提高 15%。如果你朋友的朋友、配偶或兄弟姐妹的朋友是快乐的,你快乐的几率也会增加 10%。但每增加一个不快乐的朋友,你不快乐的可能性也会增加 7%。"

我们要想获得更多快乐的机会,首先要把自己的快乐贡献出来,把自己的快乐传染给别人,让别人也享受到快乐。然而,当你郁闷无聊时,你可以从你身边快乐的朋友那里汲取快乐的营养,让不快乐的心情烟消云散,让快乐重新回到你的身边!

### 9. 小小的关爱,将爱的花朵传递

生活不是一帆风顺的,每个人的人生旅途都不平坦。我们在颠簸的人生路途中感知自己的生命,也窥探着大千世界。当我们悲观失望的时候,别人的一点爱心、一点帮助就会给予我们整个世界,我们那颗暂时被世界所抛弃、被冰霜困顿的心灵就会在刹那间解冻。

很多时候，我们能够给予别人的帮助非常微小，不足以应对任何困难与险阻。但是这些微小的恩惠可能在别人最困厄的时候给予他们以无法比拟的力量，这股力量是惊人的。我们只需要对别人做一件小事，帮一个小忙，就能使一颗绝望的心见到阳光，让他从颓废中爬起来，重新燃起斗志。不要吝惜我们的爱心，要知道，爱心拥有拯救灵魂的力量。爱心可以成就他人，也可以成就整个社会。当我们不再吝惜自己的一点小小关爱的时候，这个世界就会变得无限美好。

10. 爱的多米诺骨牌

多米诺骨牌是一种游戏，是一种运动，也是一种文化。一张牌倒下，另一张牌也会随之倒下，紧接着，第三张、第四张……依此类推。如今我们要探讨的问题，也如同多米诺骨牌这般奇特，人们在爱与被爱之间也如同牌局，互相传递着能量。

在社会中，我们见到了许许多多需要帮助的人。他们也同我们一样是社会的一分子，是我们的同胞。我们有责任尽自己的一点绵薄之力来帮助他们，让他们和我们一样拥有美好的阳光和幸福的生活。人是群居的动物，人类正是通过彼此的协助才走到了今天。在那个充满艰难险阻的时代里，人类正是通过彼此的合作才克服了重重险阻，取得了令宇宙苍穹都为之骄傲的成就。如今，我们伸出互助之手，不仅仅是对同胞们的关怀，同时也是对人类整体的关爱。

这个世界正是因为有了给予，才会有大家的共同快乐。

有了给予，我们的心灵才会碧波荡漾；有了给予，我们的生活才会洋溢着芬芳；有了给予，我们的世界才渐渐走上和谐；有了给予，我们的生活才更加美好。让我们伸出给予的双手，去给予那些正在需要给予的人。给他们一个关注的眼神，一只搀扶的手臂，一句关切的话语，一份慷慨的爱心。

一句话，给予就是赠人玫瑰，手有余香！

# 第五章　天生我材必有用

## 勇敢的人生——义无反顾

“君不见，黄河之水天上来，奔流到海不复回！君不见，高堂明镜悲白发，朝如青丝暮成雪！”这响彻千古的名句，如今，依然掷地有声，使这参不透的漫漫人生路清晰明了。那万古奔流不息的黄河，依旧奔腾着，如同这短暂而坎坷的人生岁月，秒针滴滴答答地走着，一步不停地走向生命的终点。这看似漫长而又短暂的人生路到底该怎么走呢？李白在千年以前，就给了我们答案，那便是“天生我材必有用，千金散尽还复来”。短短十四个字，把这一生应有的心态表达得淋漓尽致，正是这种自信，这种勇气，成就了这位千古诗仙。何须苦叹时运之不济，命运掌握在自己的手中，靠自己的努力，拼搏，就会发现自己存在的价值。

李白自25岁出川，云游四海，潇洒一生。他不是游山玩水，而是寄情山水，为了早日实现他的人生理想。他敢做敢为，勇敢地面对人生的每一个沟坎。那句“人生得意须尽欢，莫使金樽空对月”，正是他豪迈的人生勇气的诠释。时光易逝，岁月如梭，如若不抓紧这珍贵的分分秒秒，只怕日后会对月空叹了。历史上的伟人，哪一个不是胸怀大志，凭借着一身的文韬武略，成就一番事业的？人生短暂，只有拥有梦想并勇敢为之努力奋斗的人，才可能在岁月长河中激荡出美丽的浪花。

## 一、勇往直前，保持积极的心态

有这么个富含寓意的传说。山谷中有一群天使，她们决定着谷中的花开成什么颜色，什么模样。有一朵蓓蕾，是花中骄子，特别蒙受天使们的钟爱；天使们决定让它自行决定要开成什么颜色、什么模样。没想到，在花季过后，天使们在山谷中发现了一朵尚未开放就枯死了的蓓蕾——它始终处在选择之中，结果还未等它做出选择，花季就已经过去了。

无论是天赋禀异的人，还是天生缺陷的人，如果不懂得及时做出选择，勇往直前，就会变成一朵枯死的蓓蕾，不能体会开花的滋味，更无法散发出醉人的芳香。

走在人生路上，总要面对许多关口；看看李白的足迹，就知道这是不可避免的必然。这时，我们就要告诉自己——你一定要及时做出选择，保持积极的心态，勇往直前！否则就只能在犹豫中错失机遇，抱憾终身。

也许我们还记得，小时候，老师总是让我们写自己的理想，每个孩子都会去思考：什么是理想？我的理想又是什么？科学家、翻译家、外交官、艺术家……这些耀眼的名词，曾满载着我们的理想，伴着我们一天天长大。奇怪而又可惜的是，随着我们渐渐长成，这些名词也似乎慢慢模糊，甚至消失。我们沉浮于世俗的你争我夺，只争朝夕，却不知道为何而奋斗，生活变得苦闷而又无奈。于是很多人叹息："理想和现实的差距宛若这天与地的距离。"面对着纷繁的世界，太多人失去了那一股锐气，那一种为理想奋斗的精神；也正因为如此，如大浪淘沙，这些人便在不断流逝的岁月长河中慢慢沉淀下来，无缘于浩瀚的大海。李白的人生，起起伏伏，可他却如仙人般，不安于尘世，为了一直拥有的理想，潇洒地生活着。"仰天大笑出门去，我辈岂是蓬蒿人"，这笑声似乎可以穿越时空，敲击我们的心：原来我们缺少的是他的这份自信，这份坚持，这份潇洒。

自信、坚持、潇洒，都是积极的心态，都是看不见的法宝。无论是豪情满怀的诗仙李白，还是平平凡凡的大众，有了这些品质，都会变得年轻活泼，充满朝气。

一个心态积极的人，常能心存光明远景，即使身陷困境，也能超然地走出。这是那些畏首畏尾、裹足不前、看不到一缕阳光、只能在阴暗的天空下叹息的人所绝对无法做到的。

成功者总是用运用 PMA 黄金定律去支配自己的人生，即用"勇往直前的心态"来面对世界，面对一切可能出现的困难和险阻。他们如同李白一样，即使在"拔剑四顾心茫然"的时刻，也能用积极的思考、乐观的精神、充实的灵魂、潇洒的态度和勇往直前的勇气来支配和控制自己的人生。

所以,他们的人生紧握在自己的手中,从而能不断地克服困难,不断地走向成功。

## 二、先天不足也是一种优点

上帝是公平的。若给了一个人这一方面的优势,就必定会给他另一方面的劣势。

人生路上,我们总会遇到各种挫折和困苦,我们也免不了要抱怨我们这个不行,那个不好,我们也常会将自己的平庸或失败归因于天生的不足。

事实上,不是天生的不足阻挡了我们成功的步履,而是我们消沉抱怨的心态,毁灭了自己的成功之途。

曾经有个少年人,认为自己最大的缺点是胆小。为此,他感到很自卑,觉得前途无望。他终于在消沉中鼓足勇气去问上帝,为何让他先天不足?

上帝听完他的气愤的诉说后,反而十分喜悦地说:“胆小怎么是缺点呢?分明是有点谨慎嘛!你不过是非常谨慎罢了,而谨慎的人总是很可靠,很少出乱子的。”

少年人有些疑惑:“那勇敢反倒是缺点吗?”上帝和蔼地说:“不,勇敢是一种优点,而谨慎是另外一种优点;只不过在不同的情况下,它们发挥的作用不同罢了。”

他们正说着,巴尔扎克走了过来。上帝说:“你喜欢啰嗦的人吗?”少年人摇摇头,上帝说:“你若是看过巴尔扎克的小说,你一定发现这位伟大的作家非常啰嗦,常为一间屋子,一个景色,啰啰嗦嗦地讲个不休。但是,剔除了这些,你们一定会说,这不是巴尔扎克的小说。你能说啰嗦一定是巴尔扎克的缺点吗?”

少年人忍不住笑了。

上帝接着问:“你讨厌酒鬼吗?”少年人说:“当然讨厌,我甚至瞧不起他们。”

上帝人说:“是啊,酒鬼的名声是不好。难道李白不是酒鬼吗?”少年急忙打断他的话说:“当然不是!他是爱喝酒的诗人,和陶渊明一样,李白斗酒诗百篇!”

上帝哈哈大笑:“我赞同你的观点。你的意思是说,缺点在不同的人身上,会呈现不同的色彩,有的是酒鬼,因为他们只知道喝酒;有的却是诗人,因为他们在喝酒的同时展示自我的才华和功用。”

不仅仅是这个少年人,我们每个人都存在先天不足。无论是在其他人眼中是多么完美的人,在自己的眼中总是有一面魔镜,在清清楚楚地照出自我的缺陷,并不时地把这个缺陷无限地放大。如果我们只注意到这个缺陷,我们也就忽略了它身后隐藏的巨大魅力。

所谓先天不足,用现在的流行术语来说,至多不过是营养不足的缺点。如果我们是战士,胆小显然是个缺点;如果我们只是个司机,胆小肯定是个优点。估计没有人喜欢一个开车胆大且横冲直撞的司机吧。

同样,如果我们认为胆小是个缺点的话,与其抱怨,与其感慨先天不足,不如积极地想办法克服所谓的先天不足,通过后天的学习、实践来增长自己的学识、胆量。当我们拥有较多的见识、较宽的视野的时候,即使我们想要做个先天不足的懦夫,恐怕也难以如愿了,因为那已经被上帝改造成了优点。

这大概就是李白所指的“天生我材必有用”的另一层含义吧。

## 三、只要起步,就永远都不晚

李商隐说:“夕阳无限好,只是近黄昏”。

人生中,我们不知道要经历多少个感叹黄昏的时刻!但是真正成功的人,仅仅是抱怨一时,绝不会停下前进的脚步。因为,他们知道,只要起步,就永远都不会晚。

我们都看过激动人心的赛车。只要能上赛道,只要仍然在奔驰,就不能说谁一定是冠军。只有到了终点,才能知道谁究竟笑到了最后。

所以,人不是输在了起点上,而是输在了别人已经起跑,像坦克车一样地勇往直前了,你还在原地考虑要不要起跑。

有位著名的记者曾经拜访过一位卓有成就的科学家。实验室中,年近九旬的老者,依然精神矍铄。

记者向他请教成功的秘诀。

"你也许想不到,"老者若有所思的说,"在我 60 岁的时候,我跟一位后辈谈起我想做个试验。我打算用 10 年的功夫搜集资料,建设实验室,用 10 年的时间完成试验,用 10 年的时间把试验结果转化成生产力。但是,我的那位后辈很不以为然,认为我根本不可能做到。但是现在,你看,我已经完成了所有的计划。"

记者问道:"那么现在你的那位后辈有什么成绩呢?"

老者耸耸肩:"他没有做什么,除了讨论可行性。"

所以,不要慨叹年华已逝。在叹息之间,朱自清说得好,时光就已经滴溜溜地溜走了。光阴对每个人都同样的公平。如果不想让自己有所遗憾,就抛开年龄已大的顾虑吧!成功只给有准备的人,而不是青春年少的专利。

既然如此,不如先走上跑道,起跑。在勇往直前的奔跑中,体验每一步成功的乐趣。

## 四、在和谐中竞争

"天生我材必有用",不仅道出了义无反顾的勇气,也道出了成功者善于竞争,善于在竞争中运用自我优势获得胜利的豪情。

当今社会是个竞争十分激烈的社会。获取胜利不仅影响一个人现实的生活质量,也同样会改变他对未来的生活态度。获胜本身就是一种奖励,能让人建立自信心,鼓起高昂的志气。

这种强烈获取胜利的需要,以一种奋斗的态度迅速地扩大到每一个领域中,能够很快提高一个人克服自身局限性、去争取更大成就的兴趣。这也是义无反顾的勇气的一种体现。

因为,这样的勇气使我们意识到我们自身的功用,我们是一块不折不扣的材料,可以为自我和他人所用。这样的“功用”,是对自我的积极肯定,会树立一个更强大的自我形象,也赋予我们一种更加关心他人的内在基础。

所以,我们怀抱着“天生我材必有用”的信念,用如坦克车一样的勇气,在成功的道路上奋勇前进;而与此同时,我们也在和谐的气氛中,在把自我才能发挥到极致的同时,也怀着温暖的情谊,给予身边的人以更多的爱。

同时,当我们带着无畏的勇气冲锋陷阵的时候,也要时刻提醒自己,从长远处着眼,不要谋求靠着利用别人或把别人引入歧途去取得一时的胜利。这样的胜利不长久,必然为日后的失败埋下隐患。

面对纷繁的世界,太多的人失却了那一股锐气,那一种为理想奋斗的精神。请相信自己的才能吧,向梦想勇敢前进,不为身外之物所羁绊,义无反顾,为理想而奋斗;因为“天生我材必有用”,因为天空那颗太白星永远闪烁,在照亮我们前进的道路!

## 五、余论九则

### 1. 勇于选择,无怨无悔

功名利禄,总是为人不齿,却又总是为人所求。有用之材,不为其所苦、所累。“人生得意须尽欢，莫使今樽空对月”，追求自己喜爱的东西，不为身外之物忧心劳神，不用在意结果，纵使千般无奈万般愁苦，依然“人生乐时直须乐”。

悲观的人会将选择与放弃等同起来，认为每一次新的选择就要放弃许多原本拥有的东西；乐观的人则不同，他们认为选择就意味着得到，他们从不把目光放在悲观失落的所在，而是将生活的重点投向可以有更值得拥有的收获的领域。我们应该看到未来的光辉，看到希望；不管我们选择了哪一条路，我们都要昂首阔步地走下去。事实上，选择没有好坏之分，任何事物都有正反两面。无论你选择了哪条道路，最终的结果都只能是其中的一种。与其为失去的事物抱怨不止，倒不如为通过选择而取得的收获而欣喜。

2. 享受追求成功的过程

一个年轻人一路走来，似乎总是感觉很倒霉，失败永远陪伴在他的身边。他感到上天的不公平，于是，他决定去寻找上帝，问一下上帝：成功到底是什么？

他来到一条河边，见到一位老翁，就问：“老人家，成功是什么？”老人回答说：“成功就是能每天都钓到鱼。”他来到了森林中，遇见一个正在赶路的中年男人，就问：“成功是什么？”中年男人回答：“成功就是每天都能捕获野兽。”在沙漠边缘，他找到了上帝，于是急切地问道：“上帝，成功是什么？”上帝很慈祥地回答：“成功是生活，成功是经验，成功是汗水。年轻人，不要执著于成功，而应享受追求成功的过程。”年轻人听后，顿时明白了。回到家之后，他将旅途上的所见所闻写了下来，出了一本书，凭借着这本书，终于获得了成功。

从某种意义上讲，享受追求成功的过程本身就是成功。只要我们向着理想的目标努力了，我们的人生就是无悔的人生。

3. 别把时间浪费在计划上

一个年轻人问一位稳健、博学，很有作为的皇帝奥马尔：“刚一开始您是否就已经制定好一生的计划了呢?”

奥马尔说:“制定计划没有用。20 岁时我对自己说:‘此后第一个 10 年学习知识;第二个 10 年去国外旅行;第三个 10 年,结婚并且生几个孩子。在最后 10 年,我将隐居在乡村地区,思考人生。’在前 10 年的第 7 年,我发现自己什么也没有学到,于是我推迟了旅行的安排。在以后的 4 年里,我学习了法律,并且成为这一领域举足轻重的人物。我想出去旅行,但是各种事情让我无法离开。等 40 岁时,我开始考虑婚姻,但总找不到自己以前想象中美丽的姑娘。直到 62 岁,我还是单身,那时我为自己年迈还想结婚而感到羞愧,于是放弃了结婚的想法。我想实现最后一个愿望,但我一直没有找到这样一个地方。我一生的计划,一个也没有实现。不要把时间放在制定漫长的计划上,只要想到要做一件事就马上去做。世界上没有固定的事物,计划赶不上变化,放弃计划,立刻行动吧!”

4. 毅力能够创造奇迹

法国名画家纪雷参加一个宴会时,有个身材矮小的人请求他收为徒弟。

纪雷发现他是个缺了两只手臂的残疾人,就婉转地说:“我想你画画恐怕不太方便吧?”

可是那个人并不在意,立刻说:“不,我虽然没有手,但是还有两只脚。”说着,便请主人拿来纸和笔,坐在地上,就用脚趾夹着笔画了起来。他虽然是用脚画画,但是画得很好,可见是下过一番苦功的。在场的客人,包括纪雷在内,都被他的精神所感动。纪雷很高兴,马上便收他为徒弟。

这个矮个子自从拜纪雷为师之后,更加用心学习,没几年的工夫便名满天下,他就是有名的无臂画家杜兹纳。

只要有排除困难的毅力和恒心,我们就能够创造奇迹,做到别人认为我们根本不可能做到的事情。我们自己的行动决定着我们的未来。

5. 用心将事情做到最好

你有过这样的经历吗？很想做好一件事情，却又力不从心。越靠近目标，就越害怕，越不自信起来；于是生出很多杂念，开始在意旁人的眼神，并设想如果不成功结果会怎样。这时，心里会很受折磨，虽然每天在行动，但只是敷衍做事，没法集中心力，自然也难以有成效。

其实，用心将事情做到最好，就是成功。专心一念，会使你的每一个细胞都兴奋起来，你的专注、你的激情都会凝结在这个过程里；而这时你透溢出来的自信、勇敢和力量，自然会吸引更多的关注与支持来帮助你，你不但能实现目标，甚至还会远远超过你的预想，产生奇迹。

如果更多地注意结果，担心失败，你就会很容易被干扰，走向成功的另一面。所以，确定了方向，就一心去做吧。就像花儿，肆意绽放就是美丽；就像马儿，尽性奔跑就是生命！

6. 认识自我，发掘潜能

曾子曾说，“吾日三省吾身”，把认识自我放在了一个修身养性的地位，希望人们通过不断地反省自己来认识并提升自己。

不仅我国的先哲深知认识自我的重要性，国外的思想家们对于自我认识同样不敢轻视。希腊古语说，“最困难的事情就是认识自己”，西班牙也有句名言，“自知之明是最难得的知识”。德国有句俗语说，“不会评价自己，就不会评价别人”。可见，世界上的哲人几乎都意识到认识自我才是获得成功的前提。

在当今这个竞争激烈的社会中，要想在竞争中脱颖而出，最后胜出，对自己有客观的认识是成功的关键。只有客观地评价自己，找到自己的优点和不足，才能扬长避短，凭着自己的长处来取得成功。当然，更为重要的，还要不断地认识自己，以在更大程度上发掘自己的潜能，让自己变得更强，获得更多的发展机会。

### 7. 犯错误也需要勇气

对于每一个立志成就一番事业的人来说，他们不会惧怕犯错误。他们宁肯背着犯错误的风险也要尽力尝试，因为他们懂得，不去尝试永远没有成功的机会。勇气，正是面对错误所需要的品质；没有不怕犯错误的勇气，就没有实现理想的机会。

我们可以从历史中看到，许多英雄都是不甘现状，冒着失败的风险开创着惊世之举。在他们看来，错误不足害怕，害怕的是没有敢于去犯错的勇气。只要大方向对头，他们就不怕错误来临，只求众志成城，建功立业。如果这些人在开创大业时畏首畏尾，不敢施展，那么何以推动一次次的历史进程，引领时代走向今日？事实上，拥有这种气魄，老天也不会为难他们，历史一遍又一遍向我们证明，只有不怕犯错误，才能避免犯更严重的错误。

### 8. 用成功去回应不平

司马迁家族世代掌管太史的官职，修史是家族的事业。38岁时，司马迁继承父亲的职位，开始写《史记》；但李陵之祸却让他遭受了一场奇耻大辱。

李陵是汉朝悍将，出战匈奴战败，众大臣都归罪于李陵带兵无能，只有司马迁肯为李陵求情。汉武帝在盛怒之下将司马迁下狱，并对他施以奇耻大刑——宫刑。他想到了接受死亡，甚至有自杀的念头；但为了著述的理想，司马迁忍辱含诟，隐忍苟活，选择了辱没祖先和个人人格的宫刑。生前人所不齿，死后光耀千古，司马迁成为一个历史和文学界的英雄。

世间本来就有许多的不平事。对此，有的人愤世嫉俗，而有的人却将这份遭遇铭记于心，暗下决心，一定要做出成果以回应不公平的世间。前者不会有什么好的结局，不会得到真正的回报；而只有不屈从厄运、埋头苦干的人才会得到别人的尊重，才会得到上天的眷顾,最终获取骄人的成绩。

9. 要勇于尝试

相传西红柿原先是一种生长在秘鲁和墨西哥森林里的野生浆果。当地人把它当作有毒的果子,称之为“狼桃”,只用来观赏,无人敢食。18 世纪,有一位法国画家萌生了尝尝它到底是什么滋味的念头,于是他壮着胆子吃下了一个,并穿好衣服躺在床上等待“死神”的降临;但过了老半天,他也未感到身体有什么不适,便索性接着再吃,只觉得有一种酸甜的味道,身体依旧安然无恙。后来西红柿被广泛食用,才成为今天的美味蔬果。

许多时候,人总有固定思想或观念。习惯走老路,喜欢走老路,觉得这样比较有把握,心里踏实。其实有时尝试一下新的事物、新的方法,未必不是好事。多少伟大的发明,就是由于敢于尝试而诞生的。爱迪生为找电灯泡发热丝做了上百次尝试,最终找到了钨丝。敢于尝试,会得到惊喜,当然有时也会碰壁;但是不尝试就永远无法享受新的选择、新的方法带给人的惊喜。所以,发现和惊喜往往喜欢敢于尝试的人。

# 第六章　千金散尽还复来

## 盼望的人生——信心

“千金散尽还复来”，字字珠玑，把“信心”的含义深深地刻在每个字里面。可以看出，李白是何等的自信，一切终因自信而失而复得。

李白一生洒脱，胸有经天纬地之才，却时运不济，命途多舛，终因自己的放荡不羁而被皇帝赶出京城，永不允许踏入京城半步。他生性豪爽，从不计较得失，不会因自己失去的东西而终日哭哭啼啼，作儿女态，而是把一切看得都很淡，相信天下自有识君者，所以他千金散尽终不悔，相信自有前路还复来。他能放弃一切，也正是因为充满自信，纵然仕途坎坷，却坚信凭借自己的才能一定能有所成就。他用信心来面对人生的一切磨难，坚信失去的终究会回到自己身边。

的确，人生中离不开自信，离开自信的人生，肯定是碰壁的一生。人若缺少自信，面对困难总是怀疑自身能力，从而小觑自己，不能正确的看待自己；如此这般，那么在将来的路途中，一遇到困难总是会因缺乏自信心而无法超越，最终一路下来，只能磕绊得伤痕累累。离开自信的人生，是悲观的一生。每个人都希望自己过得快快乐乐，但是要想快乐一生谈何容易。李白就能看透，遍历名山大川，享尽人生，这都源于他坚信“千金散尽还复来”的胸襟。

自信的人，面对每一次困难，不是把它当作自己前进路上的绊脚石，而是当做检验能力的考试，当做迈向成功的阶梯。对于他们来说，能够遇到困难是求之不得的，每一次战胜困难都能体会到人生的快乐，人生的激情。充满自信的人生，需要我们有坚定的自信心，面对困难不是气馁，而是迎难而上，这是锻炼自信心的最佳途径；因为只有不断地克服苦难，才能锻炼出一个人坚定的自信心。

信心，能让人面对困难时不会一蹶不振，而是奋起直追，直至克服困难；信心，能让人即使一夜间倾家荡产，也不因此而否定人生，而是相信将来失去的东西还会回到身边；信心，能让人充满希望，重新拥有开始新生活的动力。

# 一、有远大志向才会有宏大追求

志存高远，执著追求，是一切成功者的共同特征。

即使渴望成功的人最终因为种种原因而未能成功，只要他曾经有过宏大的目标并执著地去追求过，比起那些碌碌无为的人生，这样的人生也应一种成功的人生。因为，远大的志向就像海上的灯塔，人生这艘轮船，若没有它的指引，就无法经历暴风雨的洗礼，无法看到黑暗过去的第一缕晨光。

如果我们固步自封，从未树立宏大的目标，从未凭着信心去追求既定的志向，我们就如同那些螃蟹一样，终有一天会被带上“人为刀俎，我为鱼肉”的砧板。

哈佛大学曾经做过一个非常著名的关于志向和目标对人生影响的跟踪调查。调查对象是一群智力、学历、环境等条件都差不多的年轻人。调查结果发现：27%的人没有目标；60%的人目标模糊；10%的人有清晰但比较短期的目标；3%的人都有清晰而长期的目标。

25 年之后，那些占 3%者都不曾更改过自己的人生目标，他们按照自己的志向规划出了自己的人生轨迹，他们大都成了社会各界的成功人士。

那些占 10%的人大都生活在社会的中上层。他们的共同特点是，那些短期目标不断地被实现，生活状态稳步上升，成为各行各业的不可或缺的专业人士，如医生、律师、工程师、高级主管等。

其中占 60%的目标模糊者，大都生活在社会的中下层。他们能安稳地生活与工作，但都没有什么特别的成绩。

剩下 27%的是那些 25 年来都没有目标的人群，他们大都生活在社会的低层。他们的生活都过得很不如意，常常失业，靠社会救济，并且常常都在抱怨他人，抱怨社会，抱怨世界。

不仅仅是被调查的人,大多数的人在抱怨不成功的时候,有没有想想自己是否有过远大的目标,自己是否主动规划过自己的人生,自己是否向着既定的目标执著追求过?

但凡是想要做成一番事业的人,必须要警惕自我变成一个浑浑噩噩的人。人总应该为了自己的未来、为心中的理想而奋斗。有了志向,才有了前进的动力,才能摆脱彷徨。

## 二、要相信自己的能力

每个人都有自己特定的优缺点,所以每个人都有这样或那样的能力。对自我能力的肯定和自信,是获得成功的至关重要的因素。

美国著名大学伊利诺斯大学的创办者本·伊利诺斯,年轻时穷困潦倒,看到企业巨子们的成功,非常羡慕。但他只有一辆破车,他不断地问自己:"除此之外,我还能干什么?怎么干?"

他开始怀疑自己的能力,整天在曼哈顿酒店里酗酒消沉。终于有一天,他带着肯定的态度为自己制定了一个梦想,因为他恰巧碰到了美国汽车工业巨头福特;福特特别欣赏这个年轻人的才能。他想要帮助这个年轻人实现自己的梦想。但是,福特提出了一个条件:你必须先要相信自己的能力。

8年后,这个年轻人成功了:他创办了伊利诺斯大学。

所以,埃莉诺·罗斯福说:"未经你的同意,没有人能使你感觉卑微。"

人生路上,我们可能会遇上数不清的困境,或无数次被自己的决定击倒。但无论发生什么,或将要发生什么,只要我们还活着,我们的能力就还在,我们依然是无价之宝。

当今世界上,几乎没有人不知道高尔夫球手泰格·伍兹,一个从贫民窟里长大的孩子。他从不怀疑自己打高尔夫球的天赋和能力，即使在穷人根本不可能打高尔夫球的情况下，他依然坚持自己的梦想，确信自己的能力。他最终获得了成功。

如果说伍兹只是一个特例，那也足以能够鼓励所有有梦想的人们。特例的本身就肯定了存在，只要存在，就一定会再次重现。

能力除了天生，上帝也很公平地给每个人创造了后天学习能力的机会。既然如此，为什么不把我们自身的能力发扬光大呢？这也是上帝的礼物之一。

## 三、人生也需要量身定制

李白是伟大的诗人，仿佛随手一挥，就能写就一篇惊世之作。我们无法写出他那样的诗文，却能如他一样，根据自我的特点量身定制我们自己的人生。

也许我们每个人都做过成为伟大人物的梦想。但是事实上，拿破仑只有一个，林肯只有一个，爱因斯坦也只有一个。但是，我们有千千万万的普通人，我们也有数不清的成功者；不同的是，他们成功在不同的领域。

所以，人生的目标有许多，适合自己发展的目标才是真正的好目标。

由于每个人的先天差异性、后天学习的能力和机遇的不同，在制定人生目标的时候，为了成为最好的自己，最重要的是要发挥自己所有的潜力，追求最感兴趣和最有激情的事情。

如果我们对该领域有激情，我们就可能会废寝忘食，连在睡梦中都要为了这个理想而奋斗。这个时候，我们就可以确立这就是适合我们自己的人生目标。

相对来说，做不适合自己能力和兴趣的事情，就如同一件不合体的衣服，不但穿不出衣服的效果，甚至会直接丑化穿衣服的人。同样，如果制定的目标不是量身打造的，不但会事倍功半，还可能一事无成。即使我们靠着资质和才华把它做好,我们也绝对没有释放出所有的潜力。

因此,当看到社会上每个人都在追逐那些所谓的最热门的专业时,我们是不是该冷静地思考一下,我们的兴趣、能力和激情,能不能在这些专业中爆发出最大的能量?

如果答案是否定的,请后退一步,认真思考并重新量身打造适合自己的人生。

我们都知道,许多名人,都曾经如同我们一样徘徊在人生目标制定的十字街口。鲁迅是中国最早去日本学习医学的先行者之一,如果他研习医科,最多也不过做到某个领域的专家,治疗一批病人;但中国的文坛上就会少了一位巨匠,众多的中国人就会少了思想上的灯塔,行动上的火把;而对鲁迅本人,也失掉了最能发挥能力和才华的领域。

所以,量身去打造适合自我的人生吧,这样的人生,无悔而又光彩照人。

## 四、笑对逆境和挫折

有人说,一个能够在一切逆境中始终微笑的人,表明他是胜利的候选者,因为这是普通人不能够做到的。

李白是这样的人,李嘉诚是这样的人,许许多多能够获得成功的人莫不如此。否则,李白也写不出撼动千古,直击人心的“千金散尽还复来”!

我们不喜欢那些忧郁、阴沉、颓废的人。因为人不能也不应该把自己降为情感的奴隶,不能把全盘的人生计划,都交给情绪来主导。无论周围的事情是怎样的不顺利,都至少应该笑对逆境,努力去支配你的环境。因为,一个能够在一切事情不顺利时微笑的人,要比一个面临艰难困苦毫无一点勇气的人要多占许多胜利的先机。就连上苍,也对坦然笑对逆境和挫折的人特别厚爱:自助者,天助之!

1946年,三年前毕业于西南联大的26岁的汪曾祺从昆明到了上海。他想得很美好,因为以他的年轻、学识,在上海找事做应是不难的。但是,很长一段时间,他都找不到工作,囊中也日渐匮乏。汪曾祺灰心丧气,烂醉在街头。他在最消沉的时候给远在北京的沈从文写了封绝笔信,准备一死了之。

沈从文的回信简直就是当头棒喝:为了一时的困难,就这样哭哭啼啼,甚至想到要自杀,真是没出息。你手里还有一支笔,怕什么?

汪曾祺阅罢此信如梦初醒,继而汗颜不已。他想:怕什么?连战乱时期的李白都能笑对逆境,信心满满地写出"天生我材必有用,千金散去还复来"的豪言,自己遇到这点挫折就想一命呜呼?难道凭借自己一手好文章,会困死在大上海?真是荒谬至极!

我们如今看到的《复仇》、《绿猫》、《鸡鸭名家》等享誉文坛的短篇小说,就是他在那时候的困境中的杰作。

而反观之,沈从文一生也受到多少不平和委屈!但是,沈先生从未对生活中的困境和挫折害怕甚至屈服。他在极其不被理解和艰难的环境下,做到了一个学者应该做的事情。他们就像浴火的凤凰一样,给了世人一个很好的榜样。

其实,不管何人,人生的道路绝对不会笔直平坦。坎坎坷坷、弯弯曲曲,才谱写了人生那首平凡而动人的歌,流芳千古仍令人陶醉。

## 五、余论九则

### 1. 可以被摧毁,不能被打倒

2008年的鸟巢体育馆里,有一个背影我们永远都不会忘记,他是那样的落寞与不甘。我们可以说，刘翔被病痛摧毁了，但是我们不能说他被打倒了，因为他的精神还屹立着。在2009年的9月20日，他再一次站在了赛场上。

生活永远都不可能一帆风顺，如果我们一直怀着畏惧的心情去生活的话，我们早晚都会被生活的大海所吞噬。我们确实应该尊敬生活，但不能畏惧。尊敬，敬的是其客观规律，畏惧，惧的是自己的心。在客观规律面前，很多事情不是我们所能左右的，但我们并不能因此就丧失信心。如果在努力之前就放弃了，那我们的生活还有什么意义呢。

《老人与海》中的桑地亚哥虽然最后只拖了一条鱼骨头回去，但是，他是赢家，因为他征服了大海，更征服了自己。他的行动解释了他的名言——一个人可以被摧毁，但不能被打败。

### 2. 心想事成不是口号

曾经毛泽东在某个夜深人静的时刻，抽着烟，紧锁着眉头，在心中默默许愿：让中国真正地独立起来吧；曾经张怡宁在看完前辈们的精彩比赛后，心情澎湃地在心中许愿：我也要获得世界冠军；曾经比尔·盖茨在校园的花廊下，仰望着午后的阳光，在心中默默地许愿：让我成就一番事业吧。很多人都在某个平凡的时刻许下过不平凡的愿望，可是世界上终究只有一个毛泽东，一个张怡宁，一个比尔·盖茨。那么造就这些成功人士的因素是什么呢？

心想事成不是一句口号，它是我们理想的源泉。我们要有一个虔诚的态度；如果我们态度虔诚，我们会将我们曾经许下的心愿牢牢地刻在心里，时时刻刻地提醒着自己：我的目标是什么。心想是一种愿望，事成是一种结果。我们可以祈祷我们健康、快乐、事业有成；但更重要的是要为了实现理想去行动。行动要从这一秒开始，从身边的小事做起。“不积跬步，无以至千里，不积小流，无以成江海”。

### 3. 每个人都有小宇宙

一个猎手非常喜欢在冬天打猎。他来到了一条结冰的河流跟前。虽然冰面上明显地留下了鹿走过的踪迹，猎手无法判定，冰能否承受得住他的体重。

猎手用双膝爬行。当他爬行到将近一半的时候，他的想象力开始空前活跃起来。他似乎听到了冰面裂开的声音，觉得随时都有可能跌落下去。巨大的恐惧向猎手袭来，他只想返回去，回到安全的岸边；但他已经爬行得太远了，进退两难。

就在此时，猎手听到一阵可怕的嘈杂声。当他心惊肉跳地向前望过去，一个农夫驾着一辆满载货物的马车，正悠然地驶过冰面。当农夫看到趴在冰面上、满脸惶恐不安的猎手时，农夫一脸的莫名其妙，以为自己遇到了一个疯子。

很多时候，我们会人为地将形势想得无限糟糕。其实恐惧很多时候是我们自己想象出来的。当我们感到莫名的恐惧正袭击我们的身体之时，我们应该坚信上帝在佑护着我们，我们每个人身体里都有小宇宙。

### 4. 天使在帮助我

托尔斯泰说："少数人需要一个上帝，因为他们除了上帝，什么都有了；多数人也需要一个上帝，因为他们除了上帝，什么都没有。"

西方有句谚语：自助者天助。一个自己都没有信念和信心的人，天使再慈悲也不会为他们插上翅膀。人生再多劫难是一生，人生再多绚烂是一生，得过且过是一生，忙忙碌碌也是一生。活到头了，人才懂得思考人生的意义，那真是叫遗憾。人活在世上，就是活一种态度，其中最可贵的就是信心，因为只有有信心的人，才有勇气去面对人生路上的艰难险阻。并且这种信心是持续的，不是用一次就用完了，而是源源不断的，正所谓越战越勇，屡败屡战，输了一次不怕，十次不怕，百次不怕，成千上万次都不怕。多少次的失败才换来一个爱因斯坦呢？怕只怕失败了就失去了信心，一条路我们走不通，我们要有信心去开辟另一条，总有走得出来的路，总有柳暗花明的村。

5. 我有我优势

1982年，美国威斯康星大学的研究人员将一批成人学员组成了两支保龄球队，两队的比赛互有胜负。研究人员将全部比赛过程的录像带分别提供给了两支队伍；所不同的是，分发给第一支球队的录像带采用了不同的编辑方法：显示的全是他们的出彩之处。

之后，两支球队都不同程度地提高了各自的球技。但在接下来的几场比赛中，第一支球队均以绝对的优势战胜了第二支球队。

很显然，将焦点凝聚在失误和过错上，会使得队员产生厌恶、疲惫等消极的负面情绪；而将注意力集中在表现优异的一面，则使队员的创造性、激情、自信以及渴望成功的欲望等积极情绪得到了极大的提高和调动。无论是团队还是个人，都应该将自己的注意力集中到自身的优势上。每个人或团体都有自身的优势和短处，如果把注意力集中在自己的劣势上，就会产生消极的心态；只有将注意力集中在优势上，才能将这种优势发挥得淋漓尽致，也才能取得成功。

6. 准确地定位自我

一个人最关键的是定位自我：认识自己，知道自己的志趣爱好，禀赋特长，善于取长补短，而不要刻意改变自己的短处，做自己不擅长的事情。这固然是一种挑战，但是上苍造人就是那么的奇妙。每个人都有他的独特之处，或许一时尚未发现，但不能否认“天生我材必有用”；而什么时候才能显示出独特的优势来，则要靠外因和内因共同作用。

外因是那些我们无法掌控的因素，但是内因是我们自己可以调整的，因为我们较为清楚自己的志趣爱好、长处和短处。但是一些人却很容易被外界的声音所干扰，外界的品头论足，外界那些追名逐利的价值标榜，都会成为左右人们定位自我的因素。其实，我们首先考虑的不应该是别人怎么看我，而是我是不是适合做，我是不是喜欢做。

人要无所求不太可能，但是求要求得合理，求得合情。自我定位准确了，人自然会活得神清气爽。

### 7. 是金子总会闪光

对于一个作家，没有什么比退稿信更令人汗颜、令人沮丧了，以致一般爬格子(写作)的新手或多或少都患有不同程度的退稿恐惧症。下面是两部先被退回，后来得以出版的传世畅销之作以及作者其人和退稿信的内容：

(1)杰克·伦敦，美国著名批判现实主义作家。

作品：《生活之法则》。

退稿时间：1900年。

退稿信：令人生畏，使人沮丧。

(2)赫尔曼·麦尔维尔，美国浪漫主义小说最重要的代表作家。

作品：《白鲸》。

退稿时间：1851年。

退稿信：十分遗憾，我等一致反对出版大作，因为此小说根本不可能赢得广大青少年读者的青睐。作品又臭又长，徒有其名而已。

实际上，世界上许多名家大师的传世畅销之作，在开始时也难逃退稿的厄运。但是，是金子总会闪光，佳作仍是佳作，大师终究为大师。每一次努力都可能成功，但每一次努力过后，失败的机会往往是成功的数百倍。而最终是否能成功，关键看你有没有锲而不舍的精神。

8. 不惧苦难才有成功

音乐家莫扎特在很小的时候就显示出了非凡的音乐才能,但是,等待着他的却是贫困和压迫。22 岁以前,莫扎特两次求职,都没有成功,不得不返回萨尔斯堡当宫廷乐师。新任的萨尔斯堡大公十分专横,音乐家在他的眼里连厨师的地位都不如,甚至被当作杂役使唤。

1780 年,莫扎特来到了维也纳,虽获得了自由,但接踵而来的却是贫困。在这样的逆境中,莫扎特仍不丧失高尚的情操。他鄙视那些仰人鼻息的乐匠,始终坚持自己的艺术理想。正是在生活最困苦的时期,他创作了《费加罗的婚礼》、《唐·璜》、《魔笛》等著名的歌剧。

莫扎特的事例,向我们深刻地阐述了成功与努力密不可分的道理。任何事物都有正反两个方面,有辉煌灿烂的表面就会有艰辛劳苦的内里。每个人的成功都来之不易,都需要个人的艰苦奋斗。纵观古今中外的仁人志士,凡是卓有成就的人,都经过苦难的洗礼,都是在奋力向前的过程中才完成了自身的蜕变。

9. 相信自己的选择

一个理发师收了两个徒弟,不久后,两个徒弟都筹到了本钱各自开了一家店。大徒弟专门为普通男女做一些大众化的发式,什么流行就做什么,有很多人都愿意去他那里,他很快就赚了钱,有了名气。二徒弟却专门为一些爱时髦、有品位、懂时尚的顾客设计一些独特的发型或者做形象设计。一开始,并没有人知道他的名字,经营惨淡。大徒弟得意洋洋地说:“你应该知道,这世界上,普通男女比时尚男女多一百倍。”但几年后,二徒弟经过努力拼搏,终于成为形象设计大师,专为知名人士、明星做设计,名利双收。

二徒弟说:“你也应该知道,这个世界上,时尚男女需要美化形象的次数比普通男女多上一千倍,并且付出的价钱也贵一千倍。”

他们的故事向我们证实了自信对于一个人成长的重要作用。在为二徒弟的深思熟虑而感到惊异的同时,也应该警醒:凡事都有利弊,我们应该相信自己的判断力,循着既定的目标向前迈进。

# 第七章　烹羊宰牛且为乐

## 绿化的人生——环保意识

在中国众多的诗人当中，李白以他洒脱不羁的性格、优美大气的文笔虏获了无数后来者的芳心。诵读着诗仙的大作，人们往往偏爱这几句："人生得意须尽欢，莫使金樽空对月，烹羊宰牛且为乐，会须一饮三百杯！"如此豪放，如此酣畅淋漓，如此鼓舞人心！

"烹羊宰牛且为乐"，给我们描绘出一幅多么美妙的画卷。在一望无际的草原上，繁星点点，火红的篝火燃起来，劳累了一天的人们围坐在一起。男人们或抽烟，或嬉笑着宰杀肥嫩的牛羊，或手持尖利的小刀熟练地剔骨割肉，或将烤熟的肉块送到身边小孩子们的嘴里。女人们或整治饭食，或围成一圈跳起了欢快的舞蹈。而高冠博带，腰悬宝剑的诗人，则豪迈地高高举起一杯美酒，对月而舞，挥手成诗……

唐代诗人杜甫虽不是美食家，但他也有许多关于美食的诗。如"问答未及已 ，儿女罗酒浆 。夜雨剪春韭，新炊间黄粱。"(《赠卫八处士》)，道尽了食用天然食品的便捷和欢欣。

再看看其他没有污染、没有毒害、没有食品添加剂困扰的时代里的美食家，看他们是怎样生活的吧。

苏东坡既是著名的文人学者，也是著名的美食家。相传与他有直接关系的名馔不少，用他名字命名的菜肴很多；而南宋著名诗人陆游也是一位精通烹饪的专家，在他的诗词中，咏叹佳肴的佳作足有上百首。

然而，随着时代的变迁和人类对自然的频繁侵扰，李白、杜甫、苏轼、陆游等喜爱美食的人们所处的那个时代，所拥有的这颗星球，与我们今天所处的这个时代，所拥有的这颗星球，已经大不相同。我们如今的这颗星球，在经历了数不尽的日日夜夜后，在哺育了一代又一代的生灵后，在饱受了各种各样的灾难后，已经无法承受这位寄情山水的大诗人的豪情与自由，也没办法用自己贫瘠的生命再去满足一份"烹羊宰牛且为乐"的乐趣。

我们是否曾在某个幽静的夜晚，在深邃的夜空下，探讨我们这颗饱受磨难的星球，是否会隔着缥缈的星空，去独自缅怀很久很久之前那位肆无忌惮的“烹羊宰牛且为乐”的大诗人李白，是否会怀念那时一抹抹清澈的天空，一捧捧苍翠的绿色，一团团娇艳的花朵？

在那个时空，人类还是大自然生灵中很单纯的一部分，他们聪明、纯朴，没有太多复杂的欲望，没有太多疯狂的念头。而那小小的及时行乐的念头是可爱的，是无所顾忌的，是可以满足的。但是他们最终还是变了，不知道是不是那及时行乐的引子发生了质变；他们变得自私，变得鲁莽，变得不计后果。自然界中所有的生灵都成了他们的奴仆。而反过来，自然又给了我们一些什么样的反馈呢？

## 一、今天的牛羊，你不认识

相信如果真的有时光隧道的话，我们中的许多人会宁可想穿过它，回到那繁花似锦、繁荣昌盛的大唐盛世。我们也想与那白衣飘飘的大诗人痛饮三百杯，我们也想体会一下那烹羊宰牛的乐趣，也想如同原始人那样端着酒杯围着香味扑鼻的大锅跳舞。

因为，我们面对着今天已经被人类整治得千疮百孔的自然，除了无限的惆怅之外，还有深深的恐惧。

但令我们汗颜和无奈的是，假如带着我们的良心和记忆，即使真的穿越时光回到了远古的大唐，站在气势磅礴的大诗人面前，恐怕我们所能做的也只是羞惭垂眉，不敢看那世界的无垠绿海和鸟语花香。也许我们还会有足够的勇气，问一句：太白兄，如果我带你来到我们的时代，你是否还会把“烹羊宰牛”作为一种快乐，是否还认为我们可以“今朝有酒今朝醉”？

如果李白看到市场上的白条鸡，想拿起来就品尝的时候，一定会有人告诫：“当心是用沥青脱毛的。”如果李白看到肥美的牛羊肉想一饱口福的话，一定会有人拦住他：“仔细看看吧，小心是注水肉、冻肉，也许是其他动物的肉经过加工而滥竽充数的。”如果李白想如同在古代一样，闻着酒香就想一醉千古的话，他可要当心他的性命了：酒，可能是掺入各种化学药品的勾兑假酒；肉，可能加入了类似橡胶那样的可怕物质，也不知已宰杀了多少天，不知究竟是什么动物的肉……

结果是：按照李白的生活方式，在今天现代化的时代，他要么被饿死，要么被毒死。



只因为，在人类的无限私欲下，不仅仅是原本纯净的牛羊，几乎所有曾经在诗人眼中可以随时取用的动物，都已经变成了时刻威胁人类存亡的定时炸弹。

德国艾科尔特野生动物园的一座小木屋的墙上，写着这样一句话：“世界上最危险的动物是什么？”大家很可能想到猛兽，如狮子、老虎等。这个野生动物园在提出问题的同时还告诉参观者，这个问题的答案你打开木屋的门就可以看到。当然这并不妨碍参观者发挥自己的想象力，只是这个答案常常是人们所想象不到的。这个“答案之门”一打开，参观者看到的是一面大镜子，参观者的尊容尽在里面。它实际上是在告诉参观者：最危险的动物是人类！

这绝不是危言耸听！我们唯一的地球家园已是遍体鳞伤：土地荒漠化不断扩展；污水横流，加剧了水资源的短缺；大气污染使我们看不到蓝天，呼吸不到新鲜、洁净的空气；地球物种灭绝的规模和速度前所未有。总之，生态环境恶化已是不争的事实。

思来想去，还是不要带我们的诗仙回来了吧！如果带他来到这里，如果带他去到未来，如果没有了蓝天白云下飘舞的轻柔杨柳，如果没有了夜色晨霭中的朦胧远山，如果没有了村头河旁的袅袅炊烟，如果没有了那粉红脸颊上的亲切笑脸，那我们恐怕真的会失去一位高举一杯芬芳的琼浆在明亮月光中起舞的浪漫诗侠了。

而对于我们今天的人类，要想有一个如大诗人李白所过的绿化的人生，是何其的艰难！

## 二、天然食物——健康的保障

俗话说,病从口入。因此,从日常饮食出发,考虑已经进入肚中的食物是否绿色,搭配是否合理,饮食习惯是否正确,直接影响我们的身体健康。一句话:健康是吃出来的。

海明威是全世界人民敬仰的一位伟大作家。但是,海明威家族数十年来,许多人都因为酗酒、病魔、吸毒、抑郁症或是其他的怪病而自杀或者暴毙。人们都说海明威家族被诅咒了,所有家庭成员都不得善终。但是海明威的孙女,曾经的好莱坞影星玛丽尔·海明威,却成功地抵御了这一诅咒。

玛丽尔·海明威在回忆起幼年生活时,写道:“食物是唯一不变的。实际上,它是我们感受和表达爱意的途径。全家人始终会关心晚餐做什么。一顿饭没有吃完,已经在计划下一顿了。每天晚上‘六点’是‘葡萄酒时间’,一杯酒下肚,大家都很高兴,但是随着后续的每一杯酒,大家开始变得紧张易怒,等到第四杯酒过后,狂呼乱叫的家庭战争又开始了。”

为了逃离可怕的诅咒,玛丽尔 16 岁离开家乡,到好莱坞做了演员。为了保证不发胖、生病或发疯,她要健康地活下去。

玛丽尔认为控制食物似乎是最好的办法。她几乎尝试了所有的食疗方法:长寿主义、素食主义、无脂肪、全脂肪、无蛋白质或高蛋白质,等等。但她发现这些毫无作用,对食谱的苛求反而变成另一种偏执。

玛丽尔开始审视自己童年,发现最平静最惬意的是在夏天。她父亲常常去钓本地的红鲑鱼,家里每天都有新鲜鱼肉。他们还经常吃新鲜蔬菜拌成的色拉。每年夏天,她会到俄勒冈州和教母住在一起:她家有果树,新鲜水果多得吃不完,菜园子里种满了各色蔬菜,山上还散养着鸡和山羊,这样每天她们就有新鲜的鸡蛋和羊奶了。

玛丽尔通过回忆往事,得出了一个令人吃惊的启示:纯天然的食物不仅对身体有益,对心灵的健康更有益。

于是,玛丽尔开始吃最天然的食物,又改掉了喝咖啡成瘾的习惯,每天做瑜伽和冥想,身心都健康起来,全家人也其乐融融。

海明威家族的魔咒,在玛丽尔这里,被最天然的食物和最健康的饮食习惯消除了。

但是,现代人即使知道这样的道理,也很难再找到什么最天然的食品了。那些标着"天然"字样的食品,许多都不知道是在哪个黑暗的角落里用什么可怕的东西制造出来的。"新鲜"也成为一个可怜而又可笑的名词——在各种化学药品盛行的今天,我们还有新鲜可言吗?

有人曾经讲过一个笑话,从某超市买了一串青翠欲滴的葡萄,拿回家后,因为有事一直未能享用。一周以后,赫然发现那串葡萄依然青翠欲滴!某人不但没有心花怒放,而是心惊肉跳地把那串看上去鲜美的葡萄扔得远远的。

"真是可怕啊,不知道添加了多少防腐剂!吃了它,人都会变成木乃伊!"

这事虽然骇人听闻,但从食品安全角度来看,依然触目惊心。如果我们每天吃的食物是如此的不健康,我们还能期望有怎么样健康的身体和心灵呢?

## 三、饮食安全必须关注

当肥胖病在社会上渐成趋势后,不论是十几二十来岁的年轻人,还是中年发福者,或是老年人,高血压、高血脂、心脏病等各种疾病也随之蔓延开来。警觉的医学专家日益意识到错误饮食的危害,于是他们中越来越多的人向各界呼吁健康饮食,强调绿色食品的重要性，提倡绿色消费。但是，健康的饮食，绿色的产品，都离不开绿色的环境，只有无污染的环境，才能真正培养出无公害的蔬菜和水果，才能经过合理的加工成为绿色食品。

我有位年轻的朋友，性格开朗，总说自己不在乎生命的长短，而在于是否精彩；直到她那年轻的姐姐病危，她才意识到，其实人并不像自己想象的那样洒脱。

这位朋友告诉我，和大多数伴着“洋快餐”长大的孩子一样，她和姐姐一直爱吃高热量低营养的麦当劳与肯德基，不顾妈妈苦口婆心的劝诫，也拒绝食用她做的营养食物，还不以为然地说，活着当然要吃自己喜欢的食物，不然活久了也没意思。

她的姐姐更是过着80后风风火火的生活。她们经常结伴去吃炸鸡翅加冰激凌，有时候隐约胃痛了才无奈停口。她们也经常在薯片与爆米花的包围下一下午地看电影，直到自己都觉得无聊了才回家。她们一直笑着和对方说，要做自己喜欢做的事，想吃什么就吃什么，才是真正的生活。但一年前，当我朋友坐在姐姐的病床前，看着她无助地流泪时，朋友才明白，生命其实不像我们想的那样坚强。原来的洒脱，只能存在于你拥有健康的时候，而当你感受到正在逐渐失去健康时，内心存在的只有恐惧和悔恨。

健康并不是一成不变的，不要以为生病只是老了以后才会有的事，也不要过于相信自己的洒脱，以为只要活得“精彩”，即使短暂也无所谓。

朋友的姐姐生活原本为很多人羡慕，高薪让她有能力去世界各地吃任何她想吃的食物，做任何她想做的事。但当医生无情地“宣判”她已失去健康时，曾经洒脱地说“只要精彩，短暂也没关系”的姐姐哭了。她握着妹妹的手，告诉她：“对于生命来说，健康才是最重要的。”

健康是永远不会被摧毁的快乐，这是拥有它的人常常忘记的事实。吃一次炸鸡，喝一次碳酸饮料，并不会让我们生病，但谁也不知道，它们究竟为我们的健康埋下了什么隐患，它们又在何时会给我带来无法挽回的灾难。

中医强调养生之道，预防疾病也逐渐成为一种流行。聪明的人不会等到生病了才去治疗，而是在疾病没有产生之前就防患于未然。越来越多的人开始重视生活质量，而生活质量很大一部分都取决于健康。没有人愿意成天在医院里吃鲍鱼、喝燕窝，因为疾病永远不可能与快乐同行。

在越来越强调环保、绿化的今天，我们的身体对我们自身来说也应是“环保对象”，身体也需要我们用更多有效的措施来“绿化”。少吃甚至不吃垃圾食品，多吃一点新鲜的水果蔬菜，是我们能做到的最简单的事。渐渐地，你会发现，原汁原味其实比那些多防腐剂多配料的食品更加可口，会得到你更加长久的青睐。

精彩的生活不一定要以短暂作为代价，如果稍加控制就能换来长久的幸福，又何乐而不为呢？吃出健康，吃出快乐，这也是成功人生的一部分。

## 四、重温绿色生活

古人们都堪称为美食家，但凡是天上飞的、地上跑的、水里游的，只要他们认为可以烹调，他们都可以随时拿来食用，一点也不用担心安全。对他们而言，“污染”“有毒”都是难以想象的事情。

但看看我们今天的世界吧：红通通的西瓜饱满多汁，使人垂涎欲滴，但是如果你知道西瓜是添加了人工制剂催熟长成的，你还会想美美地吃上几口吗？红彤彤的辣椒让人食欲大增，但是如果你知道辣椒中含有苏丹红一号，你还会有咬上几口的冲动吗？麻辣火锅给人热闹喜庆的气氛，但是如果你知道底料是食用过多遍的，你还会请一桌人吃得酣畅淋漓吗？我想如果你知道了真相，是肯定不会触碰这些食物的了。

尽管质量监督局严把质量关，尽管大多数的消费者认为自己火眼金睛、通晓生活常识,尽管每年的“3·15”总在大力宣传消费知识,不过,所谓“道高一尺,魔高一丈”,诸如食品添加剂、防腐剂这类人工制品仍然像毒素一样,通过各种食品悄然地侵入人们的体内,威胁着大家的身体健康,对人们形成潜在的危害。有毒食品最直接的危害,便是侵蚀人体的免疫能力,使人的体质下降,变得越来越不健康。生产、经营者为了赢利,不惜想出各种降低成本扩大销售量的手段,忘记了为消费者服务的宗旨,消费者则在屡次的受骗打击中,对食品的不信任感日益增强,消费购物的热情大打折扣。原本正当的卖者和买者的消费循环,被黑心商的刻意欺骗和消费者的满心怀疑所打破,整个消费环境也因此更加恶化。

就拿近几年屡次出现的假奶粉事件来说,不只使奶粉的销售量急剧下降,也牵引出了明星代言是否真实等一系列社会问题;而这个事件所造成的社会影响还远远不止这些。人们因为这些屡屡发生的食品安全问题,开始人心惶惶地追查更多的造假事件,政府的公信力也面临严峻的考验。

毒素累积的世界使我们身心俱疲,害怕上当的不信任感使我们人心惶惶。我们渴望消除心中的疑虑,建立一个无毒世界,呼吁重塑经营者和消费者之间信任和谐的良性互动关系;渴望有一个无毒的世界给予我们更加宽松的心态,让我们摆脱随时的怀疑和警戒的心态,去快乐的购物,感受消费的愉悦,放心地使用所购买的物品,真正享受生活的乐趣。

实现无毒世界,需要我们共同努力加强环境保护,营造无污染的健康环境。因为绿色的环境是我们实现绿色人生的基石,是我们获得快乐的物质保障。

2010年2月9日,一个被寄予厚望的高层食品安全议事协调机构——国家食品安全委员会成立。这个委员会由三位副总理担任主任和副主任。

也许,在不久的将来,我们能像我们的先祖一样,生活在碧野之中、蓝天之下,吃着无毒的食品,呼吸着纯净的空气,健康而长寿。那样，我们也许可以穿越时空的隧道，和李白一起重温“烹羊宰牛且为乐”的绿色生活。

## 五、余论九则

### 1. 谨防“时尚饮食”危害健康

随着城市现代化脚步的加快，人们越来越追求生活品位和时尚。这种生活和消费观念，也反映在了饮食上，快餐文化的兴盛正是其催生的结果。然而在一些人眼中，时尚被简单地解读为脱离油盐酱醋、远离呛人的油烟，转为在外国连锁的麦当劳、肯德基安静的环境中慢慢享用肥腻的鸡腿，油炸的薯条，卡路里极高的可乐。殊不知这些东西所含有的不健康物质，对身体的危害极大，殊不知这些东西的原材料大部分经过人工加工并掺入了人工制剂。难怪在快餐店工作的员工，却很少食用这些在消费者看来是多么美味可口的食物。因而，消费者们一味追求时尚追赶潮流的时候，千万不可忽略了生活的品质，忽略了饮食的健康与质量。

### 2. 减少辐射伤害

科技飞速发展，各种科技产品的出现，提高了人类生活素质和工作效率，尤其电脑、手机的普及化，给人类带来许多方便。如果有一天这些科技产品突然不见了，世界会变得怎样？谁都无法想象。

然而，各种各样的现代技术产品，在给生活带来便利的同时，也会产生电磁场辐射，危害身体的健康。研究证明：在辐射源集中的环境中工作、学习、生活的人，容易失眠多梦、记忆力减退、体虚乏力、免疫力低下等，其癌细胞的生长速度比正常人快 24 倍。

电磁辐射污染被称为继水、空气、噪音之后的第 4 大环境污染。尤其是电讯塔发射站越来越多，人们对电讯塔发射站和手机辐射议论纷纷。这是目前备受关注的生活辐射问题。

面对日益严峻的辐射，我们应该越来越重视环保、绿化，减少有害气体的排放，减少使用过多的现代化产品，多种树，多利用自然无害的能源。我们的生命来自于自然，也应在洁净的环境中生存。远离辐射，不但是对自然的回归，也是重视洁净人生的回归。

### 3．加入低碳生活行列

在 2010 年举行的上海世博会上，“低碳”材料的一一亮相吸引了全世界各国人的眼球。无疑，在将来的生活中，“低碳”将扮演愈来愈重要的角色。

“低碳”是一种健康的生活方式。低碳生活，就是指生活作息时所耗用的能量要尽力减少，以减低碳，特别是二氧化碳的排放量，从而减少对大气的污染，减缓生态恶化。作为普通居民，主要应从节电、节气和回收这三个环节来改变生活细节。

显然，“低碳”是一种良好的生活习惯。我们暂且称它为“绿色的人生”。这不是一种放弃享受生活而刻意节俭的行为，而是返璞归真地去亲近自然，注重环保的人生态度和生活方式。我们应逐渐习惯于自然而然地节约用水、用电，在电子档和书面档中尽量选择电子档，打印纸会用两面，少用甚至不用塑料袋、一次性筷子……生活，就是这样一点一点在改变；环境，就会一步一步被改变……

“低碳”，让生活更美好。

### 4．珍惜可贵的水资源

曾经在富裕的南方，几十万人，一夜之间就可能没有水喝；在广袤的北方，河流的生命几乎绝迹；“太湖美”、“汾河清”这样的歌曲，在全国的水污染地图面前显得滑稽、尴尬。黄河源头有千湖之县美誉的玛多要搬迁了，原因是没有水；太湖之滨的大款们要搬走了，原因是水脏了；世界第四大淡水湖——咸海，已经消失了一半；我们儿时记忆中的河流几乎全部干枯了——我们的祖先是否想象过我们今天的遭遇？人类赖以生存的水资源问题已经恶化到了何种程度！专家评论说，再过25年左右的时间，地球多数河流都将濒临水资源短缺状态，刷牙或许都是一件多余而奢侈的事情，更别说每日洗澡、洗衣了。

丰衣足食的生活里，很少有人会去担忧水，从那用手轻轻一拧便能"哗啦啦"出水的水龙头里，永远也感受不到水资源匮乏的危机。

但是如果有一天，所有河流干涸，那最后我们还仅存的一滴水，是不是我们各自的眼泪，交杂着悔恨和绝望的眼泪呢？然而，真到了那时，悔恨与绝望又能如何？

5. 绿——还自然以本色

绿，是大自然的本色；绿，也是我们心灵的颜色。自然失去绿色，就会失去活力；生命失去绿意，便是一片荒芜。绿色，使万物生机勃勃，赏心悦目。绿色，与生命、生态紧密相连。

随着工业化时代的到来，人们在尽情享受着极其丰富的物质文明的同时，资源的过度开采、污染物大量排放所带来的危害，也渐渐超过了环境所能够承受的范围。绿色已经渐渐离我们远去。人类久已习惯征服自然的观念，破坏了人与环境的和谐。当人类开始遭遇大自然失去绿色的报复之后，人们逐渐认识到：温室气体排放、臭氧层的破坏、大量使用化石能源等，不仅危害了自身的生存环境，更危及到人类自身持续发展的可能。

人们开始退耕还林，开始种草植树，开始研制新型的节能清洁能源，开始还自然以本来的颜色。同时人们也意识到：绿色的含义还包括心灵环保和生命环保不仅仅是自然界意义上的环保。因为环境问题很大程度上是由于心灵污染和精神荒漠造成的。所以，我们不仅仅要恢复自然家园，更要在自己的心灵深处着力，以达到对生命意义的修复,这才是自然真正赋予我们人类的财富。

### 6. 熄灯一小时——让地球睡个好觉

"地球一小时",是世界自然基金会为应对全球气候变化所提出的一项倡议,希望个人、社区、企业和政府在每年 3 月的最后一个星期六的晚上 8 点半到 9 点半熄灯 1 个小时,来表明他们对应对气候变化行动的支持。这个活动首次于 2007 年在澳大利亚展开,但很快便席卷全球,得到广大民众的支持。自从 2009 年一传到中国,便得到了众多城市的响应;2010 年,更是普及到全国各地。

"地球一小时",不仅仅是一个熄灯仪式,目的也不仅仅是节约电,它的意义在于让人们认识到节约能源和环境保护带来的变化,让每个人都意识到环保的重要性。而且,环保并不仅仅是我们的义务,它更是一种责任!作为人类的一分子,我们都有责任节约地球带给我们的一切,包括能源在内的任何资源,有责任保护现有的环境不受破坏,有责任进一步改善环境、治理环境!

为地球熄灯 1 小时,也为我们的生活熄灯 1 小时,让我们在李白的浪漫中,重温地球曾经的温柔和美丽。

### 7. 地球不是一代人的

在人们刚开始正视保护地球的时候,2009 年,各个权威机构相继发布了温室效应已成事实的消息。起初,这没有让人感到生活的巨变就发生在眼前,可随着海平面的逐步上升,越来越多的人开始对自己的下一代感到遗憾和悲伤,并意识到凝结起自己的力量,绿化自己的生存环境,是多么的重要和迫切。

幸好,我们开始省悟。随着第 36 个地球日的到来,人们又一次将目光投向了地球环境保护——一个人类不断努力却又面临重重挑战的领域。现代电影中许多虚幻的世界末日之后的虚无和荒凉,已经足够直面地展现出下一代人的资源枯竭景象。如果我们每个人都行动起来,握紧手中的画笔,坚定地描绘一片绿洲的画像,那么人们的绿色人生就会慢慢地建立起来,直至对环境的恐慌消亡。不要觉得创造一个绿色的生活对我们来讲遥不可及,心有余而力不足。我们的人生就在自己的手中,正如我们地球就在我们脚下一样。绿化我们的地球,真爱我们的地球,能让我们和下一代人的人生画卷如千年前的李白的诗篇一样生机盎然。

8. 2012,一种新型文明方式

2012,将是我们整日生活在纷繁的现代生活中的现代人重新回归自然的时候——吃健康的食品,过健康的生活,有一颗快乐而又健康的心灵。

2012 回归简单生活。不是说消极地放弃我们生活中的一切,而是选择正确地生活方式,正确地面对地球和环境保护,正确的选择心灵的简单——不追求流行,不参予人际争斗,不接受外界诱惑,不虚伪,不欺骗,不矫情,对自己、对他人忠诚……这是一种积极负责的人生态度,一种如李白诗篇中所表达出来的绿色的人生态度。

在简单的快乐中,我们可以尽量给自己一点自由,给周围环境一点自由。不但使自己变得简单,也使我们地球上的生存环境变得绿色而又可持续。科技的进步本身就是为了提高生活的素质,而不是为了压榨环境与生命。如果作为人类的我们,生活上的要求能够简单一点,就不会给环境带来沉重的负担,也不会觉得生活是如此的艰辛,更不会把我们的地球逼迫到绝境之中。

如果真是这样,相信我们会同古人一样,在星月满天的时候开怀大笑,随手举杯,"烹羊宰牛且为乐"!

9. 小行动,大地球

若有一天,大气层的颜色突然变得深邃到黑暗,浅河底的小鱼都不再能被看见,沙漠的壮观景象不再局限于撒哈拉, 地球上 60

多亿的人,将何去何从?

那时候,即便所有的工厂都已倒闭,60 多亿的人群都在沙漠里开始植树,地球仍旧无法让河流重新如明镜般地流淌起来。60 多亿人的后代,仍旧将慌张地看着这个地球越来越渺小、荒芜……

或许你用了一双一次性筷子,就会使得地球病危的身躯前进了不惹眼的几分之几秒。若是 60 亿人用了 60 亿双的一次性筷子,这个向病危迈进的跨度或许就惹眼起来。反之,一人种一棵树,60 亿人也将产生相对惹眼的效果。行动是对地球唯一的减负行为。

中华民族自古遵循着天人合一的思想:人法地、地法天、天法道、道法自然。自然的纯净是人类生存的根本,自然的美妙是人类生活的真谛。或许正因为如此,地球与古人的感情似乎更为融洽:那时候没有污染,没有为了利欲熏心而产生的伤害,也没有毫无节制地索取。在大量的古典文学作品中,我们都可以感受到扑面而来的那种对大自然的热情。

让我们的心灵和双手都行动起来吧!相信在不久的将来,我们还能重新看到地球母亲的微笑。

# 第八章 会须一饮三百杯

# 豪迈的人生——激情

李白的激情表现在他的政治抱负上。虽然生于豪门，却有“申管晏之谈，谋帝王之术”，“穷则独善其身，达则兼济天下”的壮志。即使在理想得不到实现的时候，他也把自己的激情保持到底，将一生过得潇潇洒洒。

李白的激情在于他的诗文：雄伟的泰山，奇险的蜀道，滔滔的黄河，汤汤的长江，浩渺的洞庭，壮丽的太行，都被他融入富于激情的诗篇。“黄河落天走东海，万里写入胸怀间”；“黄河西来绝昆仑，咆哮万里触龙门”；“登高壮观天地间，大江茫茫去不还”；“天门中断楚天开，碧水东流至此回”……

李白的激情还在于他那激情而又豪迈的一生。他赞美侠客英豪，重情重义，至晚年尚心怀国事，积极报名参军；虽劫后余生，依然能写下激情的诗篇——“两岸猿声啼不住，轻舟已过万重山”；就连死也充满了神话般的色彩——捞月而死。可以说，李白和他那些盛唐的诗人友人，留下的激情，照耀着后世的人们走过了千年岁月。

## 一、我们是想被家养还是野生？

有人说，真正的激情，不是面对困难的时候表现出来的必胜的勇气，而是在任何时候，都能保持从容的心态，不惧怕失去。

读过《狼图腾》的人，都对狼的凶残、狼的生命力、狼的战斗力深有记忆。但在同样的草原上，曾经流传过这样一个故事：有人捉了两只狼，养在一个笼子中。有好事者，想要看看狼和狗究竟哪个更厉害，就把一只看家护院的狗和狼关在同一个笼子中。可能是有主人撑腰吧，狗在笼子中，对两只狼又咬又啃，极其威风，引得周围的人哄笑不止。当天晚上，待看客散去后，狗主人不知是忘记还是对白天狗的表现有足够的信任，没有把狗带出笼子。第二天，人们惊奇地发现，笼子中只剩下两只狼和满地的血迹——狗已经成为狼的腹中餐，连一块骨头都不曾剩下！

这个故事乍听起来真是让人头皮发麻。不知道当时的狗，在人们散去以后，面对着野生的狼，是不是也同样感到了内心的恐惧。

家养的狗，从来不曾在野外的艰苦环境中体验过生存的可怕。它有定时的吃喝，有主人的宠爱，有可以遮风挡雨的窝，但它同时也丧失了与环境、对手抗争的激情，丧失了本该在任何时候都需要的勇敢生存的能力。

有人说，人怎么能和狗相比较呢？且慢，让我们看看职场的情形。

职场上，每一天都有成功者，也有丧失竞争力、甘于做一个普通职员的人。因为，在现代社会，许多人喜欢在"理性"的指导下过安逸的日子，不适应诸如李白、杜甫那样的怀抱理想、满心激情地实现自我的环境了。我们中的多数人，已经失却了身上的"野性"，失去了愿为理想而敢冲敢拼的激情了。

所以，我们在面对闯到办公室里的推销人员时，请想想，他们或向大家推销某个牌子的家用洗涤剂，或是借助为大家免费清洗电脑、清洗皮包的当儿推销清洗剂，他们至少还能为了生存保留一份激情。若是换了我们，是不是还能如他们一样做得那么执著而又坦然？

很多被招聘到著名机构和企业的员工都会不由得沾沾自喜：这证明了自身的优秀。其实，要把这样的优秀变成能力，还要加上不怕挫折的性格、强烈的成功渴望、对人情世故的把握，尤其是对工作的热爱，还有对人生无尽的激情。很多所谓的优秀人士，始终没有完成这种转变，只得在若干时候让位给其他更为优秀的人。对他们而言，以前的工作经历，其实首先是一个激情消耗和能力退化的过程。

有位在某知名机构一直高居要职的人士，曾经这样建议那些趾高气扬的后来者们：最好在工作一段时间后，拿着你的简历，到其他的公司那里去应聘,看看你的能力是否足够把你重新推销出去;如果是,并给出比目前更好的薪水和条件,那么,你就可以载誉而归,再接再厉;如果不是,你就要警醒了,看看自己是否已经失去了工作的激情和能力。

这虽然是个小小的插曲,却让我们从此有了新的认识:如果当我们供职的机构要重新大洗牌的时候,我们若没有惊慌失措,没有怨天尤人,仍是从容不迫、坦然自若,那么说明我们依然如那野生的狼,保持着竞争的能力和生活的激情。



## 二、手心里的天堂之门

在现实生活中,我们经常听到一些人发出各种抱怨和叹息:“好烦,活得真累。”“这样的日子,真是一天也不想过了。”“成功太难了。”“这件事,我无论怎么做都不会做好的。”

可是,若是我们回到盛唐之时,会发现即使再落魄的人,也不会发出这样的哀叹。李白也好,杜甫也罢,就连早死的李贺,身世不管如何凄惨,人生道路不管怎样不得志,他们都不做司马牛之叹;反而胸怀大志,激情飞扬,照旧在人生的路上活得有声有色,为后世留下了不朽的文化遗产和精神食粮。

他们生活在物质和科技都极不发达的古代,为何会拥有远远超过今人的激情呢?只因为,他们紧紧地掌握着自己的人生轨迹,他们把自我的理想和对成功的渴望用激情镌刻在手心里。摊开手,便是一个新世界。

伟大作家托尔斯泰在他的散文名篇《我的忏悔》中,讲了这样一个小故事。一个男人被一只老虎追赶而掉下悬崖,庆幸的是在跌落的过程中他抓住了一棵生长在悬崖边的小灌木。此时,他发现,头顶上那只老虎正虎视眈眈,低头一看,悬崖下还有一只老虎。更糟糕的是,两只老鼠正忙着啃咬悬着他生命的小灌木的根须。

就在几乎绝望中，他突然发现附近生长着一簇野草莓，伸手可及；他拽下草莓，塞进嘴里，自语道："多甜啊！"

所以，要把伤痛藏在微笑下面，即使在痛苦、灾难向你逼近之时，也不要放弃最后的激情，放弃享受最后的快乐。

只要我们还拥有着对成功的渴望和激情，就不要在人生途中停留或迟疑。激情保持到底，我们的人生将会是另外一种情形。

## 三、成功的路上，激情为重

李开复是知名的学者、科学家、企业家，但最令人印象深刻的，还是他的演讲中对人生的激情。

从 1990 年起，李开复就受联合国邀请来华演讲。他到了很多高校，每次演讲结束时，满屋子的学生都不愿离去。他们不停地抛出问题，想知道怎样才能成为一个被微软这样的世界顶级公司认可的人才。

李开复认为，在他的人生中，一定要追逐最令自己感兴趣的事情做，保持充分的激情。他认为，要把兴趣和才华分开。做自己有才华的事情，的确容易出成果，但是作为一个决心以一生的激情献身于事业的人，头脑还是要很清醒，要避免因为某件事自己可以做得好就认为那是自己的兴趣所在。去英、美等国的中国留学生中，有些人并不是继续在原先所学的学科中深造，而是转向了让他们更有激情去探索的一些科目。如果他们在原来的学科中不是足够的优秀，他们也不会踏入更高的学府深造；但是，在进一步的学习中，他们不断地在问着自己：对于某件事，你是否十分渴望重复它？是否能愉快地、成功地完成它？激情，的确会让我们从内心深处生出无比的力量，是由衷的从心里，而不是用理智去喜爱它。反之，激情也不会抛弃任何一个钟爱它一生的人，无论艰难险阻，无论悲苦狂欢，它都会一如既往地伴随着我们的脚步。

从古希腊的奥林匹斯山上的众神所具有的各式各样的激情开始，人类就一直在天性里为激情保留了重要的位置。即使是在生活如此丰富的今天，当我们重读那些美丽的希腊神话，那些恢弘的历史诗篇，我们也同样会为其字里行间流露的激情而激奋。

可以说，没有激情，成功的路上，再美丽的风景都不会留存。

爱因斯坦如此，美国总统奥巴马如此……不论他们所从事的职业如何，他们的生活方式如何，他们所取得的成就如何，他们都拥有激情！不仅仅是对自我的职业的激情，还有对生活的激情，对人生的激情，对实现理想的激情。正是这些激情，使他们在和普通人一样深陷困苦和烦恼的时候，能够清醒地明辨是非，能够果断地选择，能够不气馁、不沮丧、不哀叹；从而因着饱满的激情，最终变得与众不同，不但走出了困境，还能够如星如月，光彩照人。

如果我们细细端详他们的眼角眉梢，那里虽然没有如蒙娜丽莎式的微笑，但一定有一种内蕴的光芒，那就是激情！

美好的生活需要有追求支撑，真正的人生需要激情作伴。

如同在风雨的夜晚，我们聆听贝多芬“命运”的敲门声；在金黄的向日葵前，我们感受凡高笔下生命的热烈；在清凉的早晨，我们手捧玫瑰吟诵雪莱的浪漫；在滚滚东流的长江边，我们迎风起舞，领略苏东坡的豪迈；在汨罗江畔，我们低沉长吟，缅怀屈原的忧愤。那一时，那一刻，你会感受到那饱满的激情穿越时空而来，震颤着你的心弦。人类的历史，因激情而汪洋恣肆，气贯长虹。

## 四、余论九则

### 1. 敢爱、敢恨、赌一把

有所为，有所不为——敢爱、敢恨过一生，历史总是选择勇于担当的人。

面对变幻莫测的人生，许多人都有过赌的冲动。但是大多数人还是选择了安然度日，选择了平淡无奇的生活，他们按部就班地做着工作，除了暗自艳羡成功者的光辉并慨叹命运不公之外，毫无自我的冲劲和作为。而那些敢爱、敢恨、更敢赌一把的人，却用激情和毅力与命运之神一搏。他们并非是单纯的赌徒，他们也并非选择了物质的赌博。他们有人生目标，有梦想，更重要的是有渴望成功的激情，有不甘向命运低头的勇气。其中，有人被残酷的现实击打得遍体鳞伤，有人被剥夺得身无分文，有人曾经差点丧失生存的基础……但他们终是在风雨中站立，终是在暴风雨后高歌灿烂的彩虹。他们赌赢了自我，也就赌赢了命运。

### 2. 只问耕耘，不问得失，终点再见

人们在做出一项决策或进行一项工作之前，总喜欢权衡利害得失。这本是人之常情，无可非议。但有些人患得患失，或太看重事情的结果，或斤斤计较可能付出的代价，使本来可以抓住的机遇白白错失，或者使本应轻松愉悦的奋斗过程成了背上沉重包袱的痛苦体验。

只问耕耘，不问得失，激情一生，终点再见——读书、办事、做学问应该采取这样的态度，做人也如是。电视剧《乔家大院》剧中人物乔致庸夫妇收服“铁信石”的故事就是典型例子。当初乔致庸的媳妇善良地毫不计较回报地收留照顾行将饿死的流浪者“铁信石”。乔致庸也不计个人得失，不图回报，谋求开通茶道，救助茶农；祭奠“铁信石”父母，为其父母修墓；谋求货通天下、汇通天下，为天下商人造福。而“铁信石”最后为保护乔致庸而献出了自己的生命。正如古人云：“不播春风，难得夏雨”，收获总在静悄悄的金秋。

### 3. 飞扬的人生

翻阅历史，中国的“五四”运动是个奇迹，整个民族尤其是青年

在那场运动中如火山般喷发燃烧的激情，令所有的人为之赞叹。令人难以置信的是，纯粹的直白的启蒙话语，竟成了那个时代激情的标志，先驱们真诚而且纯粹地为信仰而活着，这样的人生才是飞扬的人生。

其实每个人都应有自己的终极梦想。为了梦想去努力，去拼搏，成功的整个过程固然是自己精彩的人生，即使没有成功，那努力奋斗的过程也是自己一生最精彩、最值得回忆的经历！飞扬人生的真谛，就是为了梦想淋漓尽致地去拼搏！如此，无论是否成功，都不会抱憾终生，因为努力过、奋斗过的人生最可纪念！

4．一览众山小的高度

当我们踏入人生的大道，就不必为已经出现或将要出现的挫折而哀叹和哭泣。诚然，当心中美好的憧憬与愿望同现实的无情与残酷发生猛烈的撞击时，不少人身心也会变得无力、无奈、脆弱，甚至不堪一击。昔日的理想，往日的激情都恍若流水，成了明日黄花，一去不复返了。于是，人们就会逐渐颓唐、悲观、怨天尤人，抑或安于现状、得过且过，再或是被生活与岁月磨得无棱无角，看惯了平庸，习惯了世俗。那曾经拥有的热情与梦想、昂扬与纯真都消失得无影无踪；再没有了对生活的激情，人生就在这已经逝去和即将逝去的日子里迷失了希望和方向。

如果我们用一种积极的心态对待它，就会迥然不同，就会豁然开朗，就会把生命中的每一次挫折看成风雨中的一道门坎，把不满表达成上进，把委屈升华为不屈，把失意改写成冷峻；从一时的压抑中酝酿出一生的执著，从一时的失意中迸发出一生的激情。人生中每一次承受、每一次超越都意味着一次生命的成熟，这就是一览众山小的高度。

5．年轻，没什么不可以

年轻给我们花儿般的美丽岁月，不仅仅是唇红齿白，风姿动人,更因为年轻,没有什么不可以。少年得志,大器早成,历史上并不少见:明代张居正16岁中举人,23岁中进士,任翰林院编修;费宏20岁就点了状元,官至六品;战国时期的甘罗,12岁就当了秦国丞相;2005年11月,18岁的高中生迈克尔·塞申斯通过竞选,成为密歇根州希尔斯代尔市市长,是当时美国有史以来最年轻的市长;2006年11月,17岁的大一学生凯尔科宾以高票当选为美国俄勒冈州最年轻的"少年市长";22岁的大学生贾斯汀·尼基尔斯当选为美国威斯康星州马尼托沃克市第27任市长,一举成为美国又一年轻的市长;等等。

然而,后生可畏是建立在好学、敏思、慎言、敢做敢行的基础上。年轻的资本除了年龄的优势之外,如果不内修个人自我能力,外炼处事经纶的能力"年轻,没什么不可以"也只是一句空话。

### 6. 志存高远,乘风破浪

对柳传志这代人而言,坎坷似乎与生俱来,但他们总能微笑面对,在风险中乘风破浪。

柳传志的乘风破浪,奇迹般地走出了一个被称为是中国IT业的航母,成为了中国电子行业最大的集团。

柳传志强调立意,如航行中必然重视风帆,只有立意高,才能牢牢记住自己所追求的目标毫不松懈,才能激励自己不断前进;其次,立意高了,自然会明白最终目的是什么,不会急功近利,不在乎个人眼前得失,如此才能遇浪猛冲,迎风直进。

当然,不可能人人都会取得柳传志的成就。但是,他面对选择,敢于挑战自我,敢于在遭遇人生困境时依然保持高瞻远瞩的立意和乘风破浪的激情,迎难而上,紧紧地把握住航向,让自己立于不败之地的精神,值得我们每个人认真学习和思考。

### 7. 你在书写历史

2003年10月15日北京时间9时,一个令全世界瞩目屏息的时刻。中国男儿杨利伟乘上由长征二号F火箭运载的神舟五号飞船首次进入太空。杨利伟和技术专家的创举,使得中国成为第三个掌握载人航天技术的国家。

其实,每个世间的人,都在历史的大潮中留下独特的痕迹。只是,有的痕迹明显而深刻,虽然韶华已逝却历久弥新;有些黯淡而浅薄,即使一时繁花似锦,终淹没在历史回眸的一刹那间。这完全取决于书写历史的人。如何把握住这总是面临选择的航向,就是每个来自世间的人所必须思考和实践的。

可能我们没有任何机会做杨利伟,但是我们有无数机会做具有自我特色的我们,把书写历史的笔永远紧握在自己手中。

### 8. 人生七十扬激情

1997年,因八佰伴集团的核心公司——日本八佰伴公司出现经营危机,负债1600亿日元,公司不得不宣布破产,和田一夫承担起全部责任,将所有私财抵债,自己一贫如洗,赁屋而居。此时,他已年近70,但和田一夫并没有颓废,而是从头再来,设立经营顾问公司,并开办国际经营塾,决心将自己的经营经验和教训传授给年轻的经营者们。这引起日本社会的广泛关注和尊敬,NHK电视台等日本传媒称其为“不屈之人”。

正如和田一夫自述中所说,日本社会对“败者”的传统态度是非常残酷的,一个人只要经历了一次大失败,从此以后只能躲在墙角,过着受人歧视的生活。有些人为了不被人歧视,失败后毅然自杀,或流落他乡。但是和田一夫却决定从地狱中复活,以自己的失败开启别人的成功。虽然已经年逾70,但在坚韧者的眼中,对于有梦想、有明确的目标的人,70岁仅仅是人生路上的另一个起点。

### 9. 挑战自我,超越梦想

亚马逊网络购物中心缔造者杰夫·贝索斯曾有几个梦想,他想做考古学家,想做飞行员,想做英特网中的佼佼者……然而,大多数的梦想都因种种原因湮灭了，但是他始终保持着梦想，并努力超越。他是我们的榜样，我们应朝着自己的梦想去奋斗、去超越。

当我们感受向上的精神，体会激情碰撞的时候，我们的生命才能达到存在的极致。这样的梦想的超越，不仅仅是以功成名就，以成功来做唯一的标准，人们更看重他们对有限的自我的勇于超越。

激情，是支撑起真正人生的支柱之一。人生一旦失去了激情，精神必将萎靡，生命大厦也会轰然倒塌。生命充满激情，信仰才更加真实。

# 第九章 岑夫子，丹丘生，将进酒，杯莫停

## 友情的人生——彼此扶持

酒到酣处，意到浓处，纵然是白衣飘飘的大诗人李白，也禁不住举杯招呼同饮的朋友了：“岑夫子，丹丘生，请快喝不要停啊。”岑夫子，指岑勋，南阳人。丹丘生，即元丹丘，道士，隐居颍阳。两人都是李白好友。唐天宝十一载，李白当时与友人岑勋在嵩山另一好友元丹丘的颍阳山居做客，三人登高宴饮。当时距诗人被唐玄宗“赐金放还”已达8年之久，人生快事莫若置酒会友，作者又正值“抱用世之才而不遇合”之际，来了一次淋漓尽致的抒发。虽然短短几句，但是其中却洋溢着朋友间的珍贵友谊。当李白因怀才不遇而感到悲伤时，只能从朋友那得到心灵的慰藉。

## 一、“煮豆”与“轻千金”

朋友之间的友谊比黄金还贵重，如果两人能真心相知，即使用千金来换也是换不去的。真正朋友之间的友谊，是经得住任何考验的，有的时候即使是亲兄弟也做不到。日常生活中常常会遇到这样的事情，亲兄弟之间为了遗产或者金钱而反目成仇，不顾及一母同胞的兄弟之情而相互攻击，甚至大打出手。三国最著名的才子曹植，就曾在权力的争夺中为其兄魏王曹丕所逼迫，写下那首传诵千古却血泪滴滴的“七步诗”：“煮豆燃豆萁，豆在釜中泣。本是同根生，相煎何太急？”

而朋友之间，最能忽略的却往往就是金钱。就像李白在《酬岑勋见寻就元丹丘对酒相待以诗见招》诗中所言：“相知两相得，一顾轻千金。”一切利益冲突都会随着两人之间的友谊而淡化。可见朋友之间的真挚情谊任何东西都无法与之媲美，真正的朋友，为了情谊哪怕是付出生命也在所不惜。

友情高义，源远流长。《史记》中记载的，国人熟知的“赵氏孤儿”的故事，其中的情节大家可能有不同的看法，但是对其中几位义士显出的友情，无人不为之唏嘘感叹。晋景公年间，奸臣屠岸贾欲除忠烈名门赵氏，率兵将赵家团团围住，杀掉了赵朔、赵同、赵括、赵婴齐等全家老小；唯一漏网的是赵朔的妻子庄姬公主，她是晋成公的姐姐，肚子里怀着孩子，躲藏在宫中。赵朔有个门客叫公孙杵臼，还有一个好友叫程婴。程婴为了保住赵氏孤儿，牺牲了自己的亲生儿子，而公孙杵臼为了成全好友的高义，为了验证友情的可贵，毅然顶罪被杀，用自己的鲜血掩护了好友程婴和赵氏孤儿。这一惊天动地的故事，后来被法国文学家伏尔泰改编，在西方世界上演，引起了轰动。

而从荆轲高唱："风萧萧兮易水寒，壮士一去兮不复返"时，高渐离就做好了为朋友志向实现献身一搏的准备。在荆轲刺秦失败后，大多数和荆轲有关系的人都作鸟兽散，唯有高渐离，昂昂然入秦宫，以生命捍卫了"朋友"这两个字的尊严。

时至大唐，燕赵慷慨之风未断，诗仙李白和朋友的举杯高饮的佳话又在青史上留名。在李白的诗歌当中，表达朋友之间友谊的有很多，大多都是赠别诗。在与朋友的离别中表达朋友之间的真挚友谊，最脍炙人口的当属《赠汪伦》了："李白乘舟将欲行，忽闻岸上踏歌声。桃花潭水深千尺，不及汪伦送我情！"

汪伦也是李白的好朋友，他是泾州（今安徽省泾县）人，生性豪爽，喜欢结交名士，经常仗义疏财，慷慨解囊，一掷千金而不惜。当时李白因受排挤，离开长安来到安徽游历；汪伦得知后，盛情邀请并款待了李白，短短数日，两人结下了深厚的友谊。当李白要乘舟离开此地时，忽然听到一阵歌声，李白回头一看，只见汪伦在岸上踏步唱歌为自己送行。主人的深情厚谊与古朴的送客方式，使李白十分感动。他立即铺纸研墨，写了这首著名的送别诗。

而李白与杜甫的友情，可能是中国文化史上除俞伯牙和钟子期之外最被人推崇的了，但他们的交往也是那么短暂，相识已是太晚，作别又是匆忙。李白在送别诗中说，"飞蓬各自远，且尽手中杯"，从此再也没有与杜甫见面。多情的杜甫在这以后，也一直处于对李白的思念之中，不管流落何地都在吟诵这刻骨铭心的诗句。

后汉时期，朱晖和张堪的故事，更深一步地阐释了朋友情谊的内涵。朱晖读太学期间，结识当时朝廷重臣张堪，两人甚是投机。张堪对朱晖的才学和人品非常赏识，把他当知己，曾对他说："你真是一个自持的人，值得信赖，我愿把身家与妻儿托付给你。"面对张堪把他当做生死之交的话语，朱晖心里非常感动，却只是恭敬地答道："岂敢，岂敢。"

朱、张二人挥手作别后，便失去联络，再没有碰面。后来，张堪死了，他为官清正，死后没有什么丰厚遗产，家人生活窘迫。朱晖知道后，全力接济张堪的家人。朱晖的儿子不解："我们以前没有听说过你与张堪有什么深交，你为何厚待他的家人呢？"朱晖说："张堪生前，曾对我有知己相托之言，我嘴上虽然未置可否，但心中已经答应了。"他儿子不甘心地问道："既然你们互为知己，为何常年不见来往？"朱晖答道："当初他身居高位，并不需要我的帮助；如今他离去了，家人生活得很不好，才需要我这个朋友出面帮助啊。"

也许这就是友情，真正的友情不需要依靠什么。不依靠事业、祸福和身份，不依靠经历、地位和处境。它在本性上是拒绝功利，拒绝归属，拒绝契约的。它是独立人格之间的互相呼应和确认。它使人们独而不孤，互相解读自己存在的意义。

## 二、有朋自远方来

不仅仅是普通人注重身边的朋友。许多伟大人物更注重朋友的选择和交往。

孔子是我国伟大的思想家、教育家。在《论语·学而篇》中，他这样高歌："有朋自远方来，不亦乐乎？"大多数的人，都把它翻译成："有志同道合的朋友从远方来，不也愉快吗？"但是，著名的台湾国学大师南怀瑾先生却给出了另一个更加惊人的解释。南怀瑾先生认为，做学问是非常凄苦的事情，不但要忍受物质上的匮乏，还要承担精神上的巨大压力。凡是能出人头地者,必然有很多不为世人所容的行为。不是他们不正常,而是他们如锥子一样在露锋芒。如果是“飞入菜花无处寻”的人,终身都不会有成就。但是,世界是一个趋同的世界,不同于大众的人物,往往要受打压。所以,很多成功者在没有成功之前,都要忍受各种各样的困顿,而最辛苦、最难熬的当属精神上的了。所以,此时朋友就格外珍贵:好比酷暑中的一丝凉风,令人神清气爽,呼吸畅快。但是,这个朋友,不一定是守在身边;他可以是远在天边,但是他的支持近在咫尺。这样的朋友,我们每个人都需要,也都能在某个特定的时刻感受到他们的支持。

南怀瑾先生从《论语》中,从孔子的伟大智慧中看到另一个更高远的朋友之意。“有朋自远方来”中的“远”,不仅仅是空间上的远,地域上的远,从东海之滨到昆仑之巅;而是时间上的“远”,可能是几分钟,也可能是数载寒秋。对孔子而言,虽然现代人如此推崇他的学问,并在把他的思想应用到政治、经济、文化中;但是,在他生活的年代,虽然他有弟子三千,真正应用他的思想治理国家,兴邦建业的却寥寥无几。否则,他也不会带着弟子周游列国了。他的周游就是要说服君王能够采纳他的治国安邦之策,但结果却是,到处碰壁,到处被驱赶,甚至被追杀。

从这里看出,孔子的一生,在思想上是非常寂寞和凄苦的。对于一个有思想的人来说,思想的传播才是最大的幸福,而能理解他的思想,能帮他把思想付诸现实的朋友,才是他真正的知己。

这样的知己,他等了多少年?好在,孔子等到了。在他之后的五百年后,董仲舒向汉武帝提出“罢黜百家,独尊儒术”;司马迁在《史记》中大力地赞扬他——直到那时,孔子才真的等来了朋友。这五百年,他等得是何等的辛苦。

所以,当我们处在人生抉择的关键之时,对自己“要不要坚持”的一些理由,可以坐下来好好想想,能不能将信念、理想坚持到一个知己的出现。即使这个知己如孔子一样,会等上五百年。

尤其对于所做学问不被世人所理解的学者和致力于改变人类生活境遇的人们来说，要耐得住寂寞，耐得住一时没有朋友的理解与支持的寂寞，更要有坚信朋友一定会来，会理解自己的信心和毅力。如果做到了，那么某一天，我们就会倚门而笑："有朋自远方来，不亦乐乎？"

## 三、要有可以敞开心扉的朋友

2010年，对于名列世界500强的企业富士康来说，仿佛是个挥不去的噩梦。但是，对于众多的国人来说，富士康的跳楼事件，除了令人震惊之外，也不得不令人重新审视我们自己的生活。

连续的12次跳楼事件，10死2重伤的血淋淋的悲剧之后，是怎么样的如花的生命？怎么样的人生？

有人认为，富士康事件的根源是精神抑郁。一是因为富士康流水线式的工作方式是泰罗制。泰罗制是19世纪福特公司发明的，就是对每道工序进行标准化管理，每道工序分得特别细。富士康是典型泰罗制的生产线，每个人只干一个工序。这种方式是很不人性化的，一个人天天这么干活，对精神是一种很强的压抑。

再就是富士康的员工都是外来务工人员，对于城市没有归属感，他们来的目的就是挣钱，尽可能多加班多挣钱。城市再好跟他也没有关系，城市基础设施再好，他没份儿。他没有亲切感，城市的繁华对他反而是一种刺激。于是，每个人干完一天回宿舍，没有时间说话，也没有人陪着说话。久而久之，没有可以沟通的渠道，人就非常寂寞。但人是群体动物，人最需要的还是沟通。

交往障碍成为富士康员工们存在的一个很大的问题。人与人之间的频繁、友善的交往，能够化解人们内心的不安全感。比如在宿舍没人理你，和在宿舍跟大家处得很好，哪个更有安全感？长期不交往，会增加孤独感，孤独感就会产生不安全感。

尤其是80后、90后的新生代农民工,他不像上一辈,刚从贫困中走出来,信念很强烈,就是要挣钱回去盖房子;比起父辈来,他们的精神相对脆弱。自杀也是会传染的,但是必须到达临界点。大家都抑郁的时候,就会传染。

这样的传染,就变成了血淋淋的人生。

虽然只是一个企业,但也是一个小社会。想想那些跳楼的人,生命何等可贵!不知道他们死后怎么样,至少在人世间,他们没能如同李白一样,在饱受了磨难和挫折之后,和朋友们坐在一起,共饮一杯,说说心里话。

如果是,也许他们会选择别样的人生。

也有人说,讲几句话的交往,算不上朋友间的交往。彼此无间,能够分享秘密才是真正的朋友。这话说得确有道理。有时候,秘密也是一种黏合剂,能够与人一同分享秘密的人,一定不会如富士康的员工那样抑郁到跳楼。

秘密有大,有小;有痛苦的,也有甜蜜的;有复杂的,也有简单的。不管是哪一种,都很像是暗恋中的伴侣,在漫漫长夜里或折磨着我们,或可以与我们中的某个人共同分享。

当然,人是不会随便交换秘密的。人们大多懂得选择吐露秘密的对象。只有对可以信任的人、值得交流的人、不会对自己构成危险的人、宽容大度好心肠的人才会敞开心扉。因此,人们往往会选择见多识广的老人、温柔可亲的家人、天真活泼的孩子,甚至是一棵树、一朵花、一株草,作为自己倾诉秘密的对象。

不为了什么,只因为这样的倾诉秘密是必须的事,倾诉的对象是绝对的安全。这就是人的选择。

因此,人与人吐露心中的秘密时,永远都有一个相对固定的圈子。这个圈子会令我们放心,让我们感到温暖而可靠。正是由于秘密的吐露,才使得我们的人际圈子变得更为牢固而有意义。

拥有可以倾吐心曲的朋友,这可能正是富士康跳楼的那些员工梦寐以求的事情吧。如果他们建立起了能够吐露秘密的朋友圈子，安全而又稳定，他们一定会有一个幸福的人生。

吐露自己的秘密原来并非是一件坏事。

从我个人经验来看，人生没有永不泄露的秘密，哪怕它再私密。在日常生活中，人们会以交换的方式来相互交换各自的秘密，以获取更多、更丰富的生活内容。

世界上即使如李白这样的潇洒的人，心中也藏着秘密。和朋友们在一起，谈笑之间，多少的秘密都不再是秘密。分享秘密也会给人生带来不一样的结果。举杯之间，多少烦恼都会烟消云散。

可见，秘密是日常生活中的一项重要的交流内容。世界上最怕的是从不讲出自己秘密的人。这样的人不但活得不愉快，还要有很多的伪装。他们在缺少真心的同时还会为自己平添许多的障碍，比起那些愿意打开心扉的人要劳累的多。

在通常情况下，当我们对别人讲述的秘密越多，我们听到的秘密就会越多，这是同等的。一个人，当你听到的秘密越多的时候，就越证明你是一个同样可以信赖的人。

因为大家总是愿意把秘密讲给那些善良、宽厚、有包容心的人去听。而一个愿意讲出自己心中秘密的人，一般也是心存友善、待人宽厚和可以交往的人。

生活在这样的人中间，也许可以称一声“朋友”，也许不会再孤单，再伤感，再艰难的路上也会开出幸福的花，香气四溢。

## 四、余论九则

### 1. 朋友是助你成功的财富

俗话说：“你有多少朋友，就有多少路。”有时候，朋友能够成为你成功的砝码。一个人在事业上落魄的时候，总会心情颓唐；此时如果有个真心的朋友，能够伸出援助之手，哪怕是几句最贴心的安慰,也能使他重新鼓足勇气,重新面对自己的事业,面对自己未来的生活,重新站起来,走向成功。

朋友在我们成功的道路上有着重要的作用;当然酒肉朋友只是逢场作戏,不会给你的事业带来任何帮助。我们要交真正的朋友,这样才能更加接近成功!

人生离不开真正的朋友——在你获得成功的时候,为你高兴,向你祝贺。在你遇到不幸或困难的时候,给你及时的支持和鼓励;在你有缺点或可能犯错的时候,给你正确的批评和帮助。无论身在何处,朋友在我们生活中都必不可少。你真正的朋友越多,你成功的机率就越大,成功的速度就越快。

因此美国总统林肯说:“财富不是朋友,而朋友是财富。”

### 2. 全力相助才是真朋友

我们身边有很多朋友。一种是酒肉朋友,当事业蒸蒸日上之后,会蜂拥而上,分享你的名誉、快乐与金钱。另有一种朋友平时不常在一起,却会在你最落寞,身边人都对你唯恐躲之不及时,出现在你的身边,不是给你一双手,而是给你他的全部,让你有所依靠。这样的朋友才是真正的朋友。

有一个人的手机里存得最久、直到现在都舍不得删的一条短信是:“需要资金吗,今天?我去给你送钱,三千够吗?”发送短信的日期是好几年前。那时他得了重病,丢了工作,急需住院手术,但几乎身无分文;而他从不在朋友们面前诉苦。就在用钱最紧张的时候,一个朋友说:“缺钱就告诉我!”他笑着点头,却并没有当真。不料过了几天,他忽然收到朋友发来的上述短信,不禁潸然泪下。真正的朋友不是锦上添花,而是雪中送炭。

### 3. 人生知己不可少

鲁迅在感怀自己与瞿秋白的相交相识时说:“人生得一知己足矣,斯世当同怀视之。”真正的知己没有相互间的占有欲,却能默默地奉献自己;真正的知己即使远在天边,也好似近在咫尺;真正的知己能包容对方的瑕疵,关键时能为对方舍弃一切。

当今社会生活压力增大,工作竞争激烈,人与人之间的交往变得越来越世俗化。有人为了名利,强迫自己逢迎献媚,朋友不再仅仅只是朋友,更是人际关系里最为重要的门面。人们的心灵也因此逐渐变得越来越孤独。孤独的心灵需要知己来抚慰,但是生活中能碰到的真正知己的机率又有多大呢?在漫漫的人生路途中,若能遇到一个心灵相通,真正了解自己的知己,那是人生中最大的幸事;应格外珍惜,终生相交。

### 4. 选择好的朋友

每个人都有自己的朋友;但是选择什么样的朋友,对我们来说却至关重要。

如果你不分良莠,那么"朋友"也会是一把双刃剑,有时能助你走向成功的阶梯,有时也能把你拉入罪恶的深渊!所以在交朋友的时候,一定要保持清醒的头脑,特别谨慎才是,尤其要警惕他人戴着友谊、志趣的假面具,否则志趣相投就会成为心术不正之人拉你下马的最佳突破口。

我们必须树立正确的择友观,从思想上把好关口。交朋友不能仅凭人相貌的美丑、身份的贵贱、学历的高低;这些都不能代表一个人的品行。只有言行一致、表里如一、正直无私的人品,才是值得我们看重的。

所以,要选择结交品格高尚、诚实守信、有共同理想和志趣相投的人,选择结交求真务实、不唯虚、踏实肯干的人,选择结交在你困难或是落魄时,能够真心实意帮你、诚心诚意开导甚至尖锐批评你的人。

### 5. 友情的力量

每个人都渴望友情,也曾拥有过友情,感受过友情的温馨,却很少有人能真正认识到友情的力量。现实生活的纷纭多变,将我们心底的温情冻结,在这个 GDP 操纵一切的时代,我们是否还记得这个曾让我们焕发出魔幻般魅力的词语——友情?

世界充满着各种困惑与无奈,我们不时需要友情的支持与鼓励,需要友人在我们遇到困境时伸出援助之手,在我们绝望的时候给我们继续生活下去的勇气。

友情的力量不在于语言,不在于物质,更不在于饭局和金钱,而在于彼此之间真切的关心、理解、帮助与支持。如果我们在痛苦的日子里感觉到朋友的手就在我们身边,会顿觉浑身充满了力量;如果我们在苦闷的时候能接到朋友的电话,听到他亲切的鼓励的声音,便会感觉到忧郁不再笼罩。

那就是友情的力量!

### 6. 不再孤单一人

当我们独自为工资单上的数字埋头苦干的时候,当我们为节省计程车费而奔走于地铁站的时候,当我们为付房租而不得不做几份兼职而将家庭、爱人搁置一边的时候,我们的内心其实非常孤独。停下脚步来静静地思考,我们发现这一切只是为了讨生活,只是想为生活添一分色彩;此时多想和亲人、爱人团聚,多想和友人举起欢乐的酒杯。

是什么改变了我们的奋斗方向?是什么让孤独的火苗在我们内心深处越燃越旺?是非分的欲望。这种欲望的满足并不能产生真正的快乐。物质只是身外之物,它不能充满我们的心,我们真正需要的是完善我们的心,追寻心灵深处的满足。那么,让我们重新借助友情的力量,将我们内心的顽敌驱逐,在前进的路上不再孤单一人!

### 7. 了解你的朋友

友情的力量可以帮助我们驱逐内心的孤独,可以给予我们支持和力量。然而,友情是双面的,它在带给我们宽慰与支持的同时,也为我们的朋友提供同样的价值。它是一个双面胶,一面粘住我们的心,一面又将朋友的心紧紧粘牢。我们的朋友也需要同样的阳光雨露,需要同样的温馨甜蜜;任何单方面的付出,在友情的空间里都会遭到摒弃。友情的空间是最单纯也最公平的。

在这个张扬个性的时代,有的人开始肆无忌惮地颂扬自己的完美个性,对自身的过分关注,也是友情尽失的一个原因。我们要摆脱孤独,就要留一丝心灵的空间去关注朋友,去了解朋友,真心地对待朋友。只有真诚地了解对方的需要并真切地满足他的需求,友情之花才能常开不败。要了解他的喜好,了解他的需要,不空谈友情,不一味地索取。友情需要不断地得到升华,就好像爱情需要浪漫来浇灌一样。友情也不是一个死气沉沉的东西,它需要人们对它进行不断地维护。了解朋友的需要,是真诚对待朋友至关重要的一项。

### 8. 让朋友读懂自己

"知我者谓我心忧,不知我者谓我何求?"一份友谊就是一扇心灵的窗,打开这扇窗,我们可以看到整个世界。当我们感到孤独时,总会有一种朋友,无须朗朗大笑,无须感天动地,无须慷慨陈言,便可驱走你无尽的烦恼与寂寥;感到无助时,总会有一种朋友,无须大肆渲染,无须虚情假意,无须唯美的表达方式,就能让你深深地感受到一种力量与信心,来面对艰难,来面对坎坷。

试着让朋友读懂自己,让这扇窗直面我们的心灵,这时你就会发现,曾经的问题已不再是问题,你会为朋友如此惊人的力量而骄傲。确实,每个人的力量都是有限的,人们生活在世界上或多或少地需要他人的帮助。我们的祖先正是由于彼此的帮助而成长为自然界的主人,人类的互助史已经结满了累累硕果。那么,我们为什么还要将自我封锁在心灵的小屋中呢?你究竟害怕些什么?

### 9. 让友情之花永远绽放

友情之花不是无源之水、无本之木。它真实、有生命，激越而清幽，需要友情的雨露来浇灌。人非草木，孰能无情？正是点点滴滴的情谊，令友情之花弥久长存。每个人都渴望感受友情的美丽，然而，人的精力有限，大多数人都会因为日常事务的繁忙而忽视了对友情的培育，或因争取更高的地位抑或更多的财富，在忙碌的时日里让友情搁浅。于是等我们清醒过来时，友情已不知何处。

于是，我们愁苦，怅然若失，静下心来检讨自己，通过自身的努力寻回属于自己的真实，重温友情。

所谓“一诺千金”，朋友之间的真挚情谊是任何东西都无法与之媲美的。“海内存知己，天涯若比邻”，真正的朋友即使相隔万里，还像在身边一样。我们的人生离不开友谊，但要得到真正的友谊真不容易；友谊总需要用忠诚去播种，用热情去灌溉，用原则去培养，用谅解去护理。让我们珍惜身边的友谊，让友谊之花永远绽放！

# 第十章　与君歌一曲，请君为我倾耳听

## 鼓舞的人生——用掌声肯定

古人说:“饥者歌其食,劳者歌其事。”欢乐时唱,悲情时吟,得志时高歌欢欣,失意时高唱明志;不管怎样,总有听得懂或听不懂的人会给予掌声。或表示赞同——击节赞赏;或表示感怀——心有戚戚;或表示支持——共舞共唱。只要有歌,就一定有人围坐,有对歌者的赞扬,有掌声响起。

李白的一生,是放歌抒怀的一生,也是处处被掌声肯定的一生。从15岁起,他就“遍干诸侯”(《与韩荆州书》),以求获得权贵的认可和举荐。在江陵遇到当时受三代皇帝器重的道士司马祯,送上了自己的诗文供其审阅,获得“有仙风道骨,可与神游八极之表”的称赞;李白为司马祯如此高的评价欢欣鼓舞。他决心去追求“神游八极之表”这样一个永生不朽的世界。兴奋之余,他写成大赋《大鹏遇希有鸟赋》,以大鹏自喻,夸赞大鹏的庞大迅猛。这也是李白最早名扬天下的文章。

李白初入长安在紫极宫,偶遇贺知章,立刻上前拜见,并呈上袖中的诗本,以期肯定。贺知章颇为欣赏《蜀道难》和《乌栖曲》,兴奋地直呼“谪仙人”,并解下衣带上的金龟叫人出去换酒与李白共饮。李白瑰丽的诗歌和潇洒脱尘的丰采自此扬名天下。

其后,李白漫游四方,诗文不断受到各界名流的肯定,掌声一片,声名远扬,天下皆知。

《将进酒》,正是李白拔剑高歌,举杯欢饮,在朋友的欢欣和掌声中,洋洋洒洒一挥而就的。

经过一路高歌,到了至友亲朋的面前,调子忽又变得温情而又带着期盼:“与君歌一曲”,为何?只因为你们懂我,理解我,支持我啊——“请君为我倾耳听”,虽然是小小的请求:请你们听听我的心里话吧,却包含深情和期盼,因为我的知心话只能讲给理解我、支持我、鼓励我的人听啊。给我一点掌声,一点鼓励,一点重新焕发勇气的信心吧。我也是个平凡人,有七情六欲,我也需要在逆境和困苦中在知心的朋友面前大哭一场。让我诉说个够吧,你们在聚精会神地倾听之后,不要多说什么,就陪着我一起高歌,陪着我一起鼓掌，让掌声伴着我成长吧。

即使是“诗仙”，在脱去了伟人的光环之后，在至友亲朋面前，也率真得像一个渴望掌声肯定的垂髫童子。

也许正是在这种饱含着鼓励和肯定的掌声中，李白一次又一次地攀登着人生的高峰，完成了一篇又一篇脍炙人口的作品。

## 一、愿掌声常在

为人父母者都知道，幼小的婴儿最早学会的动作之一就是鼓掌。为何？为了引起孩子的注意力，父母家人总是以清脆的掌声来吸引他们的眼神；当他们尚不能理解其中含义的时候，他们也能朦胧地知道，掌声至少代表他们的行为不是错误的。当他们能够伸出小小的手掌时，他们就用掌声来吸引旁人的注意。

所以，我们每个人都有了这样的想法：做对了事，掌声就会响起来；取得了胜利，掌声就会响起来；遇到了欢欣的事情，掌声就会响起来……每一次掌声，都是一个或大或小的肯定，掌声伴着我们一步一步地在人生路上刻上了一个又一个印迹。回望人生路，我们发觉，想起最多的也是掌声，有别人给予的，也有自己拍响的。

有人会认为掌声是一种虚荣、虚伪的表现；也有人认为沉湎于掌声会使人停滞不前。但生活中还是需要掌声，尤其是处处需要对自己或他人存在价值肯定的掌声。这种掌声，可能不是用双手击打出来的，可能只是一个微笑、一个拥抱、一份小小的礼物，却都能让接受的人如同听到了击节的掌声，清脆而有力。

有位朋友曾经遇到过这样美丽的“掌声”。那是她在一家韩国某化妆品公司的业务部供职的第一天。当她略有些忐忑的走入办公室时，她意外地收到了一束非常美丽的鲜花。惊喜之余，她打开了夹在花束里的留言：“欢迎你加入我们的团队，我深信你会是一名十分出色的业务员。但我最害怕的事情就是员工在成功之后掌声才在身后响起来，所以我宁愿早点将这束鲜花带给你，我想你不会介意吧?”落款是业务部经理的名字。

优秀的领导者都知道适时给员工以掌声，而且不必都等到年终总结的时候。那时候的掌声已经不太重要——人家在心里念叨和渴盼了好久的东西，经过了岁月的洗刷，到了期盼最淡薄的时候再给予，心情绝不会是欢欣鼓舞，而只能是淡然处之。

就像我们还是一个孩子的时候，用一整年去期盼和不断地哀求父母要一个芭比娃娃或是一辆可以遥控的坦克车；但当果真在某个时间得到了的时候，就不那么看重了——期盼和肯定也有保鲜期。这就是为何歌手伊能静劝告年轻的恋人，不要等到你的女朋友要求结婚了好多次而又被拒绝以后，你在某个清晨告诉她：“我想，我们结婚吧。”那时候，你绝对得不到意料中的欢欣雀跃。掌声到了强弩之末，再敲打也发不出清脆之声。

所以，卓越的领导人一定善于出其不意、毫不吝啬地把掌声鼓给新人，让他们从一开始就带着信心和动力投入工作。这绝对是一项美丽又高超的管理艺术。

就像李白，掌声一定是在“会须一饮三百杯”之后，酒不醉人，掌声也会醉人；若要在他大醉之后，再多再响亮的掌声，他也听不见，视同于没有。

## 二、掌声要靠自己来创造

掌声也需要通过自我价值和人格魅力的体现去创造。

试想，李白若不是能写出惊天地、泣鬼神的诗篇，若不是胸怀大志、才高八斗，若不是有让高力士脱靴，让杨贵妃斟酒的那份傲视权贵的胆气，他就算是有再多的理想，再大的能耐，喝再多的酒，唱再多的歌，也无法获得掌声。

掌声需要自己来创造！通过自我的能力表明自我的价值，通过自我价值的体现赢得人的肯定。如果不是这样,即使获得了掌声,恐怕也仅仅是一种敷衍应付的平常肢体动作而已。

伯乐善于相马,尤其是千里马。这里有一个小故事,也许让我们更加容易理解何为千里马,如何能赢得别人的掌声。

某地,有一匹怪马,每当有人从它身边走过,它都要叫几声,以引起路人注意。

这件事被传得满城风雨,连深居简出的伯乐也知道了。他很感兴趣,跑去一看,直呼是千里马。

千里马仰天长叹:“我等你好久了。”

伯乐说:“你为什么总是在那些庸人面前表现自己呢?你明知道他们不可能理解你。”

千里马哈哈大笑:“你是怎样知道我的?”

伯乐恍然大悟说:“千里马毕竟是千里马啊!”

俗话说“酒香不怕巷子深”,在信息发达的当今社会,即使是好酒,也要端到酒桌上,凑到人的口鼻底下,让人品尝一下,才能真正发挥它的优势。无论是在学习中还是在职场上,我们并不需像上面故事中的千里马那样故意去引人注意,但也不能等着别人来给你鼓掌,而应该努力做出成绩,引起别人的重视和肯定。我们常会遇到看见工作要滑偷懒、造假讨巧的人,也见过踏实肯干,有理想有抱负有干劲的人。虽然他们可能从同一跑线上出发,但是掌声总是没有疑问的鼓给了后者。

中国第一职业经理人、“打工皇帝”唐骏获得的掌声众多,然而2010年7月1日晚上8时20分,曾创办中文网、第一个学术打假网站的科普作家方舟子一连在自家的微博上发出21条记录,针对唐骏在《我的成功可以复制》一书中透露的其个人学位、求学及工作经历,提出了多个质疑,并出示了部分查证证据,指出唐骏的“美国加州理工大学计算机科学博士”学位和“卡拉OK打分、大头贴照相机”两项专利以及个人创建公司的经历均系造假。唐骏立刻从众人仰慕的英雄变成众矢之的,风光不再。

唐骏的文凭造假，正是过度注重外界掌声的结果。如果唐骏能够以自身的能力证明自我价值，而不是追求虚幻的学历上的光环，名誉上的掌声，他的人生应是另一番景象。

## 三、不妨把掌声让给别人

漫长的人生中，我们不吝惜给别人鼓出清脆的掌声，但也不应吝惜把鼓掌的权利让给别人。

从前某知名大学有一位教授，学校里只要有英美的外宾来演讲，都由他做即席翻译。他的学问的确很好，常常是外宾用英文讲30秒，他就要用一分钟来翻译。有人为此不理解，这位教授说，因为外宾的讲话中用了许多西方的专有名词，怕大家听不懂，所以他要多加一点解释。

按理说，外宾应该对他的这种敬业和学识很认可。但是很奇怪，有些西方著名学者再次应邀来做演讲的时候，居然会特别交代，请换一位翻译。

为什么呢？其实那位教授弄错了自己的位置，自以为是地认为是在帮助听众和演讲者，却不知正是他的这种行为，抢走了演讲人的风光。可能连他自己也没有意识到，在他的潜意识中，他已经在享受这不属于他的美妙掌声。但事实上，的确是他不合时宜地创造了现场的掌声。这样的掌声响起来之后，又置他人于何处呢？

他确实有才气，甚至事实上他也可能比主讲者或是受邀者更有能力，但毕竟他不是主角。他几乎把所有的掌声都抢去了，他的光芒比谁都强，那还有谁会甘愿站在他的身后，为他做“嫁衣”呢？

吝啬给别人掌声的机会和抢去所有的掌声的人，最后都会得不到意料中的掌声。大家在职场上，在学习中，总是会对这样的人敬而远之，但绝不会给他们掌声。

有一个女孩在某实验高中上学。一天她对她母亲说：“你不要总拿我和某某比，她不是人，她是神。”她说的某某，是学校里出名的优等生。每门课都是第一名，做事情几乎完美无缺，拿奖拿得就像中国的乒乓球，别人只能争夺第二名。这样的孩子，虽然完美无缺，但大家都认为她奇特到不应被列入正常人的行列中。

有一位部门的助理。人长得帅气，又有能力，年纪轻轻就主管了许多事情，不但业务上非常强，还在部门中办了许多有声有色的活动，每个活动从设计、布置、发新闻到开办酒会，他都亲力亲为一把抓。但是当他工作期满，要晋升高级职位的时候，全部门没有一个人投他的支持票。他百思不解，委屈极了。

其实，道理很简单，这位部门助理如果在古代，是典型的功高盖主。优秀的将帅都明白，要想长期保住自己的地位，除了会打仗之外，还要懂得及时把功劳分给下属。若是有大功劳，那一定是皇帝的，即使是付出损兵折将的代价，在胜利在望的时候，只要听到皇帝亲自上战场，哪怕是从头再来，也一定要停下攻势，让皇帝御驾亲征，大大方方地享受胜利果实。只有这样，将帅才能保住自己的性命，才能获得掌声。

即使是皇帝在获得国家级别的大胜利时，也要郑重其事地祭天拜地，感谢上苍的眷顾，不敢贪上天之功。因此，当你的光芒闪亮得足够超过任何人的时候，你不妨把你的掌声让一点给其他人。因为并不是只有你一个人是优秀的，其他的人同样优秀，同样需要掌声来肯定；而在某种程度上，对你而言，掌声再多也已经如同吃家常便饭一样，没有什么奇特的味道，但对于其他的人来说，可能会影响一生。

所以，不妨把你的掌声让一点给别人，像李白那样，低一低他的酒杯：“与君歌一曲，请君为我倾耳听”。这样你的掌声不但不会少，反而会更加响亮。

掌声激发荣誉感，赞美发挥潜力。

若把上天的恩赐比喻成一片照射在冬日的阳光，使饥寒交迫的人感到温暖，那么人生就是开放在郊外的野花，万紫千红，芳香四溢。给予别人掌声犹如雨露阳光,滋润着每一叶花瓣,而掌声比上天的恩赐更为重要,精神的鼓励会激动每一个孤独无助的行人。

## 四、余论九则

### 1. 人人都需要掌声

在第十三届奥斯卡颁奖典礼上,当著名影星朱莉亚·罗伯茨上台领奖时,面对台下几百名热情的影迷,她激动得泪流满面,语不成句。此时,台下响起了热烈的掌声。这掌声,包含了人们对她成功的肯定,包含了人们对她此时心情的理解,包含了人们对她今后工作的鼓励。站在领奖台上的人,品尝到了幸福的滋味。

生活中,人人都需要掌声,就像人生需要肯定一样。被否定的人生,特别是否定自己的人生,就会如同在森林中迷失了自己。在给予别人肯定的同时首先要肯定自己,相信自己,让掌声在自己的世界响起。"啪啪……"的声响并不是为了让人觉得悦耳动听,那是心灵上的撞击,梦想成功的萌芽。它不是单纯的旋律,它有着人性的歌词。它不是完美的音乐,却是令人奋发的进行曲。在我们的人生充满掌声的时候,我们就已经站在了成功的最高峰。

### 2. 让隐形的翅膀起飞

"每一次都在徘徊孤单中坚强,每一次就算很受伤也不闪泪光,我知道我一直有双隐形的翅膀,带我飞,给我希望"。这首《隐形的翅膀》歌词健康,积极向上。

在现实生活中,我们每个人都有一双的翅膀,有时候它是有形的,来自亲友的鼓励,或是各地各处的掌声,激励着我们在人生的道路上奋勇前行。而有时候,它又是隐形的,源于自己的内心。当我们将这隐形的翅膀打开,只是自己知晓,没有人为你鼓掌,你的行动甚至不被人理解。但随着岁月流转,最终我们会发现:掌声逐渐响起,世界因此而改变。

2005年岁末,22岁的大学生高春娜也因为自己的传奇经历成为媒体关注的焦点。这一年的3月1日,她路见不平拔刀相助,与抢劫犯勇敢搏斗;谁料,她因此遭遇小偷暗中偷袭,后又被一些网友质疑其行为动机,因此身心俱伤。但最终,赞赏她见义勇为的掌声悄然响起,为着这个善良的姑娘,也为着同样在人生路上踟蹰的所有有良知的人。在这迟来的掌声中,"隐形的翅膀"成为阳光下最灿烂的风景。

### 3. 别吝惜你的掌声

朋友们,别再吝惜你的掌声,把它送给身边和周围的人,人生谁都一样,不仅需要鲜花,更需要掌声!

在奥运会赛场上,人们不难发现这样的场景:金牌获得者理所当然地接受了鲜花和欢呼,而那些银牌和铜牌获得者稍显寂寞,难以成为人们关注的焦点。新华每日电讯曾经就此评论——《面对亚军和季军,请别吝惜掌声》。亚军和季军同样有惊心动魄的拼搏过程和丰富感人的内心世界。比起那些没有名次的选手来说,亚军和季军同样是成功者,他们毕竟登上了奥运会的领奖台;不过相比起那独一无二的冠军,他们的成功略逊一筹,于是他们既感受着奖牌带来的喜悦,同时又品味着难以自慰的遗憾。而从某种意义上说,他们比冠军更需要掌声的鼓励。

生活和工作中也一样,不要吝惜自己的掌声,尤其要给每个值得鼓励的人,每个值得记忆的时刻鼓掌。当你鼓掌的时候,别人同样也会因你的理智、热情、公正和大度报以最真诚的掌声。

### 4. 心声的共振

2008年5月12日14时28分04秒,四川汶川、北川,8级强震猝然袭来,大地颤抖,山河移位,满目疮痍,生离死别。

然而,地震无情,人间有情。

截至5月17日16时,来自中国香港、中国台湾、日本、俄罗斯、韩国、新加坡的六支境外救援队伍,已经抵达灾区开展救援行动。

截至2008年7月18日,外交部及中国各驻外使领馆共收到外国政府、团体和个人等捐资17.11亿元。

而那些来自于灾区的可歌可泣的事迹,时时感动着每一个人。最难忘的是一个个救援现场:当救援者从废墟中抬出一个又一个被救者的时候,周围的人都会发出欢呼,响起雷动的掌声!

尽管没有人愿意遇上这样惨绝人寰的灾难,但是在灾难发生的时候,每一颗心都在为着共同的愿望而跳动。正是这种无形的力量,给了世人以生的希望,美的渴望。

虽然人生路上处处有困难,然而,在伤感流泪时,总会有一双手替你轻轻拭去泪水,轻抚你的背;总会有一个掌声,让我们拥有战胜困难的勇气;总会有一句安慰,让我们摆脱困扰内心的阴影。此时的掌声是鼓励,是"与你同在"的承诺,是心声的共振。

5. 不做旁观者

掌声是赞赏,是肯定,是鼓励;而对某些孤苦无助的人,更需要的是直接的帮助与扶持。

许多人认为,事不关己,高高挂起,做个旁观者,做个洁身自好的人,才能平安度过一生。但同时,这样的人生却令人遗憾,因为我们的世界会因此而变得冷漠,让人寒心。故而孟子曾语重心长的劝告一国之君,要"老吾老,以及人之老;幼吾幼,以及人之幼"。推己及人,及时地施以援手,人生才更有价值,更有意义。

阿里帕·阿里马洪,一个普通的新疆维吾尔族老人,却以羸弱之力收养了十余个来自不同民族的孩子,让这些本来与她没有任何关系的幼小生命得以在人间大爱中幸福成长。她本来也可以像许多人一样,仅仅坦然地以旁观者的身份对那些失去依靠的孩子表示一点同情。但是她却毅然地展开羽翼，撑起他们的天空；风霜饥寒，全都挡住，清贫劳累，一肩担当。在她的“家”里，水浓过了血，善良超越了亲情，旁观者成了最亲的人。

### 6. 欣赏别人是一种美丽的感动

感动，顾名思义就是有感而心动，而如果要给它一个确切的定义却很难，也许它只能用心去感觉，用感觉去触摸。

不管是蔚蓝的天空、浩瀚的海洋，还是我们脚下广袤的大地，都埋藏着感动的种子。当欣赏别人成为一件美丽的事时，一切源于真心与感动！

当司马迁为李陵辩护时，仅仅是因为史学家的责任和良知吗？恐怕更重要的是源于对李陵忠贞品格的欣赏与感动，他才会虽遭宫刑而不悔。当身居太子宾客的四明狂客毫不犹豫地解下佩在身上的显示官品级别的金龟，来换取酒菜款待当时一介平民的李白，并赞之为“谪仙人”的时候，这难道不是真心欣赏带来的感动？欣赏别人确实是一件美丽的事，它使我们能够结交更多的至友高朋，能使生活中处处留下我们真诚的感动！

当感动无处不在时，我们应感到幸福。

### 7. 雪中送炭与锦上添花

遇到困难，面对坎坷，在最艰难的时候，如果有一阵掌声自身后响起，这将是多么大的支持和温暖。雪中送炭，也许不仅是送去物质上的需求，更多的是给予别人心中的温暖。同样，掌声不能在物质问题的解决中起决定作用，但却能在人的意志面临退缩和崩溃的时候，给予强有力的支撑。自助者，天助之。来自外界的援助，只是杯水车薪，只是当前问题的暂时解决；而来自内心的支持和力量，才是真正能立于天地之间的根基。

或许很多人更倾向于雪中送炭，认为这是人生途中最难得的风景；然而，锦上添花却以更超然的魅力，给予人们前行中的支援。

人在困难的时候，尚能听进去别人的逆耳之言，尚能感受到来自周围的真情劝诫；而在得意之时，往往忘形，不知身在何处，反而容易遭致失败。此时的掌声，以及善意的提醒或告诫，都能使行路者驻足自省，在前行的路上走得更快更顺，更上一层楼。

8. 让人生的掌声永不停息

当年，俞伯牙轻奏《高山流水》时，钟子期为之高声喝彩，高山流水不断，流传着一曲千载称颂的金兰之交的赞歌。然而，水已去，人也亡，弦断有谁听。人生中的喝彩者走了，生命也就枯萎了。

所以，当我们犹豫彷徨时，希望有人给予指引；当精神穷困时，希望给以热烈的掌声。我们在不断地等待着，祈求着爱心的降临，但我们更在时时刻刻寻找着给予掌声的人，寻找着精神世界的同路人。只有这样，我们才不至于绝望。

没有掌声的生命是可怕的，有谁受得了死一般的寂静；没有掌声的人生是可悲的，有谁愿意在压抑中生存。人生缺少了掌声，只会剩下英雄垂泪、对天悲歌的结局。正如当年的屈原，世人皆浊唯他独清，世人皆醉唯他独醒，有心报国却无力回天。没有掌声没有理解，只有渔夫的叹息，终于使他熄灭希望之火，生命之灯。

人生的掌声永不能停息，它永远激励着每一个人追求灵魂的高尚与完善。掌声有时比爱心和金钱更为重要。

9. 自己给自己掌声

掌声代表着肯定和尊重，代表着成功和荣誉。每个人在成长的过程中，都渴望能够听到掌声，但多数人想的是如何去赢得别人的掌声，而不是自己给自己鼓掌。

价值的认同是一个漫长的过程，而只有在别人认同你的价值时，你才能获得心中期望的掌声。然而，很多人在经历了艰辛、困难、挫折、失败后，变得沮丧，变得没有自信，从而放弃了原本的努力和追求。赢得价值认同的掌声是一种被动的掌声，它不会因你渴望得到掌声而对你施予同情,它的主动权始终掌握在别人的手中。所以,我们要自己给自己掌声。

尤其在这竞争激烈的时代,失败与伴随而来的压力更是无所不在,困难会使人们受到挫折和打击,使我们产生失败感、自卑心理,而善于给自己鼓掌,学会自我激励则可以及时调整自己的精神状态,让自己从困难的阴影中走出来。这是一种勇气,一种力量,一种自我欣赏。只有懂得自我欣赏,才能在前进的路上获得无穷无尽的勇气和力量。面对自己的将来,我们有理由让自己的掌声响起来。

人生就像颠簸在海上的小船,乘风破浪,勇往直前;人生的掌声犹如远方的灯塔,引你“直挂云帆济沧海”。取得成绩和荣誉,掌声会给人以褒奖,给人以激励,给人以再创造的活力;面对困难和考验,掌声会给人以信心,给人以勇气,给人以奋进的动力。掌声就是一种肯定,是一种鼓励,也是一种尊重。掌声给予人力量,让每个人觉得其实生存在这个世上是极有意义的。因此,我们要学会鼓掌:为别人鼓掌,为自己鼓掌,为丰富多彩的人生而鼓掌。

# 第十一章　钟鼓馔玉不足贵，但愿长醉不复醒

## 淡泊的人生——乐天知命

李白的一生，深受与世无争的道家思想影响，无论境遇悲苦还是顺利，都能乐天知命。他与朋友们置酒开怀畅饮、觥筹交错之间，诉说心曲，感叹人生："钟鼓馔玉不足贵"，意即富贵生活（富贵人家吃饭时鸣钟列鼎，食物精美如玉）并非是一生的追求，而是期望"但愿长醉不复醒"。

李白平生浪迹天下，有高尚的人生道德。大起大落的身世遭遇使他广泛接触了生活的各个层面，他广交朋友，但对追求享乐、利欲熏心的达官贵人却不愿与之为伍。

李白的人生态度既渴望奋发有为，又能够超脱坦然。虽然生活有悲哀和痛苦，但诗人的乐观精神足以使他超越和战胜忧患意识，所谓"人生达命岂暇愁？且饮美酒登高楼"（《梁园吟》）。即使在"拔剑四顾心茫然"的时候，他也能够很快地振作起来，"千里江陵一日还"——欢欣鼓舞地迎接新生活。

当我们重新审视李白的人生观时，我们的胸襟也不妨开阔一点，打破自己的常规束缚。一方面，世间很多看似天大的事，譬如战争、政治、仇杀、很多恩恩怨怨，且把它看小了去，看作蜗牛壳里的纷争，看作电光石火的瞬间；而另一方面，我们自主的灵魂且把它放到无限之大，尽可能地在人生路上达到一个自在逍遥、乐天知命的境界。

## 一、淡泊心态带来美好生活

王维曾有诗云："明月松间照，清泉石上流。"他在自然中寻得了一份自由与宁静。

一个人身外之物越少，精神的空间就越大。

旅游时，曾听过一个小故事：有位好奇心极强的孩子，想跟着修道院里的院长学习人生的哲学。秋天，修道院里红叶飞舞，孩子跑去问院长："红叶这样的美丽，为什么会掉呢？"

院长说:“因为树木要度过漫长的冬天,就要把能量蓄积起来。它撑不住那么多叶子,只好舍弃。这不是‘放弃’,是‘放下’!”

冬天来了,院长指挥大家把院子中的水缸倒扣过来,孩子奇怪极了:“好好的水,为什么要倒掉呢?”

院长说:“冬天冷,水结冰会膨胀,把缸撑破。这不是‘真空’,是‘放空’!”

大雪纷飞时节,院长又指挥大家把几棵盆栽的松树放倒,孩子又问:“好好的松树,为什么弄倒?”

院长和蔼地说:“你看,雪把松枝都压弯了,再压就会断。那不是‘放倒’,而是‘放平’,让它躺倒休息,雪停了再扶起来。”

到了年底,天寒地冻,又遇上全球金融危机,修道院里的捐助少了很多。孩子非常担心,跑去问院长怎么办。

院长摸摸孩子的头:“你看看院里还有多少存粮,仓库里还有多少物资?不少吃,不少穿,别想没有的,想想还有的;苦日子总会过去,野百合也有春天。你要学会‘放心’,‘放心’不是‘不用心’,而是要把心安顿好。”

春天说来就来,大概因为是瑞雪兆丰年,春花烂漫,修道院也迎来了捐赠高峰。院长对孩子说:“你已经懂得了人生的哲学,可以回家了。”

孩子不解地看着他,院长微笑:“你能做到放下、放空、放平、放心。我还有什么不能放手的呢?”

纵观世人,不就是对于功名利禄孜孜以求,不能有片刻的放手,所以身累,心更累吗?进入工作状态的我们,朝九晚五是普遍的生存状态。我们期望的总是多上加多,金钱、名誉、地位,如韩信带兵,多多益善。我们将这一切希望寄于职场,于是职场中充满了竞争、压力、挫折、冲突,还有疲倦。“过劳死”在职场中已不再是新名词,“心理疲劳”也不再是少数人的“专利”,职场上承载了我们太多的希望,但又面临如此多的难题。为了事业的成功,为了自己的梦想,我们已经付出了太多太多,长此以往,必然觉得生活毫无意义，人生无趣了。

人除了工作、做事，还无时无刻都处在自身的某种情绪中，或开心，或振奋，或烦恼，等等。不管是惊天动地的大事，还是鸡毛蒜皮的小事，都挑动着我们的神经，弄得我们情绪不佳，心烦意乱。其实，真要是坐下来冷静地想想看，没有什么大不了的，地球依然在转，我们依然要日出而作，日入而息。只要调整好心态，学会上述小故事中的五个“放”，生活总归是犹如水晶，美丽又透明。

世人瞩目的股神沃伦·巴菲特，每年都会从常青藤大学选择一个社团，让大学生们在他家住三天，跟他一起吃饭，参观他的工厂，向他问各种问题。学生们惊讶地发现，巴菲特头发银白，一辈子喜欢吃汉堡、薯条和可乐，一辈子在奥马哈小镇生活；在当地居民眼中，他就是一个普通人。巴菲特告诉学生：对生活和投资始终要保持最简单的理念与需求，只有这样，才能抵挡他人“失去的恐惧”和“得到更多”的诱惑，才能真正快乐。

学生们问他：“为什么很多人跟着您投资，却没有一个人像您这样成功？”

巴菲特反问道：“如果给你 100 万美元，你会把它看作什么？”

学生们说可以拿它实现很多自己想做的事。巴菲特笑着说：“这就是我和你们的区别。因为我根本不把这一百万美元看作钱。我的投资和生活是完全分成两半的，无论我的投资如何，都不会影响我的生活，这能够使我时刻保持清醒的头脑，享受快乐的生活。”

这就是心态的神奇魅力——超脱、淡泊、宁静，能为自己带来美好、快乐的生活。

## 二、野渡无人舟自横

喜欢研究星座的人，都知道天秤座的标志就是一架天秤。虽然这架天秤托盘里空空如也，却一直保持着平衡状态。如果我们在某个托盘中放入一点点物体,哪怕是一粒尘埃,天秤也会倾斜。

我们的心灵就像天秤,只要我们放入一点情绪,就需要外界相应的表现来维持自我平衡。有些人渴望成为富豪,内心的贪婪使得心灵的天秤不断倾斜,为了保持平衡,他就会不断的追求外在的财富;当外界的追求达到或者超过内在的心灵时,天秤又开始倾斜,于是内心的欲望又会不断地膨胀。如此循环往复,天秤的平衡不断处于摇摆中,人也就如风中絮、雨中萍一样,永远都不会有安宁日子。

李白一生提倡及时行乐。只要他能够停停脚步,就举杯和朋友们共欢;忧烦时,则毫不犹豫地向朋友们倾吐心声;当发觉心灵中充满太多欲望时,他能够及时将心灵放空,在瑰丽的山水中,让灵魂自由翱翔,充满清新的力量。

唐人韦应物,以同样的心得写下了为人传颂的诗句:“春潮带雨晚来急,野渡无人舟自横。”不管外界的风雨如何狂大,我自如那无人驾驶的扁舟,任它横斜,随心随意。

2010年邓小平的夫人卓琳当选为感动中国十大人物。从1939年,卓琳与邓小平相识相知,共结连理,夫妇携手58载。硝烟里转战南北,风雨中起落同随。革命战争期间,卓琳在枪林弹雨中紧紧跟随邓小平,从太行山到大别山,从抗日战争到解放战争。解放后,邓小平成为党和国家主要领导人,卓琳又在身后甘当无名英雄,相夫教子。十年动乱中,卓琳陪伴邓小平在江西度过流放生活;1997年邓小平逝世后,她亲自赴港见证香港回归,替小平同志完成遗愿。那两天,她彻夜未眠,非常高兴。2008年汶川大地震发生后,她毅然把个人的10万元积蓄捐给了灾区人民。无论是对丈夫,还是对自己的民族,她都注入了女性的坚定、温暖与搀扶。2010年感动中国推选委员会这样评价她:“不动摇,一生不动摇,历尽沧桑绝不动摇。不是因为她是谁的夫人,而是因为她是一个不可动摇的人。她默默地站在一位时代伟人背后,用坚定的信仰和深深的爱,支撑着伟人度过劫波,支持着伟人创造新时代。”

但在生活中，在名利前面，并非每个人都能做到“鸢飞戾天者，望峰息心；经纶世务者，窥谷忘反”，许多人反而“人心不足蛇吞象”，最终身败名裂，徒留终身悔恨。

2010年3月2日，公安部治安管理局证实：中国足协原副主席南勇、杨一民，裁判委员会原主任张建强因操纵足球比赛涉嫌收受贿赂犯罪，经检察机关批准，予以依法逮捕；之后，公安部门于2010年9月13日又证实，前中国足协副主席谢亚龙、李东生和蔚少辉等3人，因被举报在足球比赛赌博和贿赂案件中涉案被立案侦查。短短数月，中国足协数位巨头从原来尽公民义务的协查性质变成了犯罪嫌疑人，中国足协掀起了一浪又一浪的反赌打黑风暴。

2005年2月18日，谢亚龙驾着他那辆低调的蓝色POLO驶进了中国足协，也驶上了一条不归路。外界一般认为，谢亚龙虽居足协高位，但不是足球圈内人，按照圈内看法，一般不会有人求他帮助操纵比赛；而且谢亚龙胆小、平庸，绝非大贪的形象。李东生更是足协多年的优秀员工，一直是以坚持原则、谨小慎微示人。蔚少辉则是足协目前资格最老的官员，早在20多年前就分管裁判工作。前足协副主席杨一民更是书生气十足，并兼任北京体育大学博士生导师……

他们无论从名誉还是个人利益，都已经得到了应有的报酬。为何还要以身涉险呢？

从目前的种种证据来看，在柔弱的外表下，“龙王”却有着一颗勇敢的心，他的犯罪金额甚至远远超过了南勇等人。足协官员表示，其涉案金额超过200万，并且感叹他比南勇还要阴。他们一同操纵比赛和赌球，涉及职业联赛的夺冠、保级，以及全运会足球赛；而各地为了申办中国国家队的商业比赛，也向足协领导人送钱送礼，并将最终的利益进行分成。在警方掌握的南勇、谢亚龙等人操纵比赛的线索中，除了操纵国内比赛，还操纵国际比赛。谢亚龙当权时，贾秀全为了获得国青队主帅的位置以及进入2008国奥队教练组，向谢亚龙“进贡”；国字号球员的进队费用大概在10万到30

万之间。正是这一个又一个的10万、20万或是30万，让中国足球的代表国字号球队越踢越差，丢尽了中国人的脸。

为了一己之私，为了那些生不带来、死不带走的名利，南勇谢亚龙之流置国家民族利益于不顾，不择手段地疯狂敛财。虽然他们将受到应有的惩罚，但对国家利益、民族振兴的损害却再难弥补。若是每个为官当权者都能乐天知命，都能在人生的选择和实践中安然若素，给自己、给国家、给社会一份清白，社会上还会有那么多的贪官吗？

## 三、余论八则

### 1. 乐天知命的内涵

中国文化对人生修养提出的最高原则是四个字——“乐天知命”，即以知天命为快乐。“天命”，指大自然赋予人的性命、秉性、个性，它有的是先天造成的，更多的是后天的环境、学养、经历形成的。“知命”，就是要知道自己，知道生命的道理，生命的真谛，乃至生命的价值。这些都清楚了，就没有什么可以忧虑的了。

人生，真正能够把握得住的东西实在太少。金钱、名利、地位，有时甚至是爱情乃至生命，得与失，往往也只是在不经意间；而痛苦、烦恼、艰难、困阻、欢欣……都只是生活中的一个个片断。随着时光的流逝，这一切都不复存在。若是沉迷其中，不能自拔，最终只能空叹岁月流逝，一事无成。

但是，乐天知命绝不是消极的听天由命，而是心胸宽广、豁达，目光长远，又具有丰富的知识；既能施展才华，为世人造福，实现自己的远大目标，又能随遇而安，境界高尚。

### 2. 做一个为世界祝福的人

看不到阳光，不等于感受不到阳光的灿烂；看不到光明，不等于世界隐没在黑暗中。

2009年,在热烈的掌声中,一位来自异域的盲人姑娘,藏盲文的开发者,当选为“感动中国十大人物”。

2009年度感动中国人物评选组委会授予萨布利亚·坦贝肯的颁奖词这样写道:“她看不到世界,偏要给盲人开创一个新的天地。她从地球的另一边来,为一群不相识的孩子而来,不企盼神迹,全凭心血付出,她带来了光。她的双眼如此明亮,健全的人也能从中找到方向。”

萨布利亚·坦贝肯,“盲文无国界”组织的创始人,1970年出生于德国,12岁时双目失明。然而,她现在却被誉为西藏盲童的向导和天使。在引领着失去光明的孩子重新认识自我、找回自信的同时,她也在实现着自己的人生价值,成为一个为世界祝福的人。

### 3. 舒卷自如的人生

懂得生活的人们,一定要有像白云一样的精神境界。要像白云那样,不被名缰利锁,不自我设限、自我封闭;要像白云那样,寻找自信的人生,寻找包容的人生,自由自在,舒卷自如。如此,我们就会活得坦然而快乐。

居里夫人因发现了镭而闻名全球。有一天,一位朋友到她家做客,忽然看见她小女儿正在玩英国皇家协会颁发给她的金质奖章。朋友大吃一惊,问道:“您能够得到一枚英国皇家协会的奖章,是极高的荣誉,怎么能给孩子玩呢?”居里夫人笑着说:“我是想让孩子从小就知道,荣誉就像玩具,只能玩玩而已,绝不能永远守着它,否则将一事无成。”

居里夫人有如此淡对荣誉,看轻名利的人生态度,所以才有如行云流水般的人生。这是一种令人羡慕的人生境界。

### 4. 不以物喜,不以己悲

古人云:“心为形所累”,人的欲望越大,生活的压力也必定随之增大，如果能少一点欲望，就会多一份轻松与洒脱。

出生为人，不可避免地都要经历生老病死；人生不如意事十有八九。如果没有心静如水的定力，就会经常心生浮躁，患得患失，人生的大半就会在悲观的心情中窒息心智，难以感受到生命的乐趣。因此，无论面对失败还是成功，都要保持安宁淡然的心态，不因一时的成功而骄横失态，也不因一时的失败而妄自菲薄，无论何时都保持一种豁达淡然的心境。

一百多岁的著名学者周有光一生遭遇良多，但他始终能以平和的心态对待，做到"不以物喜，不以己悲"。遇到不顺利的事情，他从不失望。"文革"时他经常讲的两句话是："卒然临之而不惊，无故加之而不怒。"

遇上向他讨教如何长寿的人，周有光先生总是笑着说："健康最重要的就是生活有规律，同时胸襟开朗也很重要。"

### 5. 淡泊明志，宁静致远

1943年，在哥白尼诞辰400周年之际，美国学界精英所在的百余所大学和科研机构共同推选"现代世界最具革命性贡献的十大伟人"，除了大名鼎鼎的爱因斯坦、莱特、福特、杜威之外，还有一个华人也入选，这就是毕业于耶鲁大学的中国留学生，虔诚的天主教徒晏阳初博士。

1920年，晏阳初应上海基督教青年会的邀请，主持平民教育工作，在乡村发起大规模的农民识字运动。由于声势浩大，各地大员都来请晏阳初做官，北方的张学良以出800万大洋支持平民教育运动为条件邀请晏博士去做东北的行政院长，这可是一人之下万人之上的高官。作为文人的晏博士，虽然不张扬，很安静，但却很有定力。面对高官利禄，他不为所动。

20世纪50年代后，晏阳初又把乡村建设的实践推广到东南亚、非洲和南美，并在菲律宾建立国际乡村改造学院。

晏阳初博士于1990年逝世于纽约，活了100岁。他一生尊崇三C(孔子 Confucius,基督 Christ,苦力 Coolies),从不为名利改变自我的信仰和追求。全世界都悼念他,他不仅是现代化的路标性人物,也是人生境界中的英雄。

6. 值得肯定的“慢活族”

近年来,在今天这个快节奏全速奔跑的社会大潮中,出现了一个关于生活的新名词和新群落:呼吁品味生活缓慢节奏的“慢活族”。

这股从英国刮起的“慢活”风,劝导人们放慢生活节奏,让精神和身心都得到放松。“慢活族”提倡慢工作,慢运动,慢阅读。近几年,全球有八十几万会员加入到名为“Slow Movement”(缓慢生活)的运动中。

“慢活”并不是蜗牛化,而是追求平衡,该快则快,能慢则慢。放慢速度,关注心灵成长,动手劳动,注意环保。在快餐文化流行的世界里,到图书馆慢慢看书,体会思考的乐趣。

在一个高速运转的社会中,为了功名利禄,为了五花八门的追求而疲于奔命的人们,无论是在心灵上还是在身体上,都承受着巨大的压力。这种“快活”的过度泛滥无疑等于自杀。

而“慢活”的实质,就是乐天知命与浮躁急进的一种对抗,成为“慢活族”,实际上是一个人生存观念和生活状态的一种根本转变。

7. 顺命而生

如果生活中充斥太多的非分之想,将会沉浸在永不能满足的苦恼中。所以,能保持一颗平常心非常可贵!何不让自己静下来,慢下来,在淡泊无华的心境中生活,于宁静中净化自己的灵魂。这样,才不会因为“怀才不遇”而怨天尤人,不会为了短暂的得失而牢骚满腹,才能做到得意之时不轻狂,失意之时不沮丧。平和的心态,能使我们在沉迷时变得清醒,贪求时变得淡泊,对任何事都能拿得起,放得下,甩得开。

生活中，如果情侣变了心，老板叫咱们卷铺盖，老朋友见利忘义，生意伙伴厚此薄彼……那么，合则来，不合则去，千万不要傻傻地追问：为什么，为什么，为什么？

一位智者曾经听到别人的抱怨，说："好了，要知足。有吃、有喝、有用，这些'本息'都在，诉苦只能给自己添烦恼。"

顺命而生就是最好。

知足常乐、乐天知命的人生态度，会使人不管在顺境还是逆境，都能保持一种乐观、开朗的心态，即使在贫困潦倒的生活中，在残酷阴冷的年月里，也不让自己感到悲凉、压抑。

### 8. 长寿的秘诀

孔子曰："吾十有五而志于学，三十而立，四十而不惑，五十而知天命，六十而耳顺，七十而从心所欲，不逾矩。"这是他的心得，也是他的人生轨迹，更是他高尚的人生境界。孔子的一生志存高远，却并不顺遂，终生劳碌奔波，与他的理想相去甚远；然而就是因为懂得了"乐天知命"，顺应了"天命"，不但成为一代圣贤，也赢得了不仅仅是那个时代才有的高寿。

现代科学认为，多数癌症都是由于长期抑郁、免疫系统功能下降所致。其实，古人很早就知道，人食五谷杂粮，生病是正常现象，但是一个人情绪乐观、心理平衡、情绪愉快，则免疫系统功能好，抵抗力增强，不易生病。

纵观历史上历代伟大人物，凡能高寿者，无一不乐天知命，少于计较，有信仰并为之奋斗，能忍受平常人所不能忍受的困苦艰难，以一种宁静、淡泊却积极的态度看待人生，享受人生。这就是长寿的秘诀。

# 第十二章 古来圣贤皆寂寞，惟有饮者留其名

## 隐者的人生——清心奉献

在中国五千年文明史中，时时洋溢诗情，处处弥漫酒香。诗言志，酒传神，写尽了人生。醉意里有陶渊明的悠然南山，有刘伶的自在竹林，有王翰的边关琵琶，有曹操的沧海雄心。但若论及诗酒之道，首推李白。他爱诗若痴，爱酒成狂，既具有侠客豪饮之风，又不失文人品茗之气。他经常处于醉酒的状态，却睁着一双世事洞明的眼睛；他不停地喝着美酒，心中迸发出来的激扬文字中却流淌着指点江山的豪情。

在酒的世界里，李白悠然自得，游乐欢快，豪迈奔放，不受任何束缚，能挥毫直书："安能摧眉折腰事权贵，使我不得开心颜。"所以，他当之无愧于"古来圣贤皆寂寞，惟有饮者留其名"。逍遥、自在、豪迈、无怨的人生岁月，被李白的诗情酿造成一壶壶醇厚香甜、沁人心脾的甘醇，流传千年而兴盛不衰。

"古来圣贤皆寂寞，唯有饮者留其名"，单从字面的意思看是：自古以来，那些圣贤无不感到孤独寂寞，唯有寄情美酒的人才能留下美名。

但李白绝不会是这样的浅薄。

他年轻时就慷慨自负，不拘常调，"常欲一鸣惊人，一飞冲天，彼渐陆迁乔，皆不能也"（范传正《唐右拾遗翰林学士李公新墓碑序》）。他具有很强烈的任侠作风：尚武轻儒，脱略小节，轻财好施，豪荡使气。

所以，这里的"寂寞"，绝对不是通常意义上的寂寞——无人理睬；而是千里马未被伯乐识，贤才不遇明主。这样的寂寞，不但在地域上受限——到不了当权者的身侧，不能为当权者出谋献策，而且还有时间上的寂寞——自我的理想抱负、想成就的丰功伟业不能在有生之年得到实现。

所以，有"冯唐易老，李广难封"的悲鸣，有"壮士暮年"的叹息，有"廉颇老矣，尚能饭否"的感慨。

南朝名将檀道济说："贤者处世，天下无道则隐，有道则至。"

中国的圣贤者们，用"隐"来面对世人的不解和自我的寂寞，用

“隐者”的锐利目光来针砭世事,用“穷则独善其身,达则兼济天下”来直面自己无法左右的人间沧桑。

由此,中国的隐者,必然是代表高风亮节,代表若愚大智,代表着令人敬仰而不可亵渎。

所以,“隐者”的行为可能怪诞,可能离奇,但内心绝对隐藏着大智慧。

这样的人生旨趣,即使是在发达的现代社会,依然有着它不俗的光辉。

## 一、像水那样“至柔至刚”

水与火是人类生存必不可少的元素。水,是生命之源,也是灵魂和性格的塑造之源。即使是今天,生长在水乡的女孩子也会显得格外娇嫩。

李白喜欢水,更喜欢能浮现出月亮倩影的水。李白笔下的水和月,或气势宏大:“天门中断楚江开,碧水东流至此回”,或景象奇幻:“飞流直下三千尺,疑是银河落九天”,或光影妩媚:“峨眉山月半轮秋,影入平羌江水流”,或情思温馨:“思君若汶水,浩荡寄南征”,或心绪哀愁:“明月不归沉碧海,白云愁色满苍梧”……在诗人的笔下,水被赋予了种种的灵性,焕发了种种的光彩。

所以,古人崇尚水,隐者更喜欢水,并为水的品格高唱:“上善若水。”

但愿人的一生能如水一般,至柔至刚。

尤其在现代社会,竞争如此激烈,为了能够跻身前列,人们无不使出浑身解数,不断推出新技术、新产品、新办法、新思维。社会变化也在日新月异,稍微不留神,就有可能被抛弃在外围。生活在这样一个变化多端的社会,我们要有着更灵活、更敏捷的应变能力,能审时度势,纵观全局,能在第一时间找到问题的关键,并做出可行而有效的决断。同时，在遇到阻碍和挫折时，也要乐观地正视，因势利导，及时调整自己的努力方向、工作策略，乃至自己的心态。

但愿我们有水一样的性格，过水一样的人生。

我们都知道，水有三态，在不同的温度和环境中，有相应的形态——这样的状态是在该环境下最佳的生存状态。水有至上的耐心，冰冻三尺非一日之寒；水有惊人的潜在力量，滴水可以穿石；水能因势利导，委婉曲折，天下黄河九十九道弯；水能坚持不懈，为了自己的目标永不松懈，奔流到海不复回；水还具有自我疗伤、自我闲适、自我修养的能力，山重水复疑无路，柳暗花明又一村……这样的水，不正是如李白那样的先贤所追求渴望的吗？不正是我们现代社会的人应该学习，力求拥有的吗？

人生若水，就一定要有水的灵活。不苛求，也许是水的灵魂。

水最能适应和变通。人生如果能不苛求，能适应环境，能变通地处理人与事，相信这样的人生不会太差。

不苛求别人，同时也不苛求自己。首先要在情感上有所超脱。挫折、坎坷都是生活中在所难免的。痛苦与欢乐同在，幸福与烦恼并存。要求一个神智清醒又有进取心的人对挫折和失败无动于衷，是不现实的；但是，如果有了水一样的品性，就会考虑如何摆脱困难，再向前行。超脱痛苦的情感，正是为了能使现实的自我上升到一个理智的“超我”，不气馁、不沮丧，快乐生活。

学习水一样的人生，在志向上也一定不会死钻牛角尖。每个制定了远大目标的人，未必能将目标一步到位地实现。要灵活的对待自己，像水一样，迂回曲折地前行，向着目标，盘山绕路，而不是一味斥责自己的失败和无能。即使是李白，受了挫折，受了委屈，也只是消沉一下，端杯酒来喝一口，对着明月来舞一段，酒醒之后，依然拔剑上路，为了理想和抱负继续在人生的路上再攀高峰。

李白写下“古来圣贤皆寂寞，唯有饮者留其名”，也不过是和先贤比肩，以先贤的高深智慧衬托自我的能力，以隐者的美好品德和超乎世人的洞察力来激励自己而已。他哪里是在哀愁和悲鸣,分明如水一样,是找个平稳之处休憩一下,待到蓄积了力量,从至高处一泻千里时,又会教人“疑是银河落九天”罢了。

## 二、学会“低头”

李白认为,圣贤虽然寂寞,却可以留名千古。言下之意是说,在场面上闹哄哄你争我斗的人,未必会有胜者。

我们常常看到在职场中,为了某个企划,大家争得面红耳赤;为了某个项目的分配,大家吵得不亦乐乎;为了某个职位的人选,大家明争暗斗地使出种种手段;但总有那么一两个聪明人,默默地在角落里注视着这一切,不强求,不强争,却能在关键时刻拿出最好的方案,一举夺魁。

争执之下无胜者。有那么多的时间和精力去做无谓的争吵,不如静下心来,踏踏实实地做点有意义的事情。在这个竞争激烈的社会,时刻高昂着自己的头,就会失去很多看不到的机会。长颈鹿的高度无人可比,但是它同时也是最脆弱的动物之一,因为头太高了,血液要及时送上去,心脏就变得比别的动物大得多,也脆弱得多。所以,在立足社会的时候,不妨时刻记着“低低头”——谦虚一下。如此,会有别样的收获。

美国著名科学家与政治家本杰明·富兰克林曾到一位前辈家里拜访。一进门,他的头就狠狠地撞在了门框上,疼得他一边不住地用手揉,一边看着比正常标准门要低矮一些的房门。出来迎接他的前辈看到他这副样子,笑眯眯地说:“很疼吧?可是,这将是你今天拜访我的最大收获。一个人要想平安无事地活在世上,就必须时时刻刻记住‘低头’。这也是我要教给你的,不要忘了。”富兰克林牢牢记住了前辈的教导,并把谦逊列入他一生的生活准则之中。

再看看我们，涉世之初的青年。告别浪漫自由的校园生活，脱离父母的慈爱呵护，难免带着学生时代“指点江山，激扬文字”的理想色彩和为人子女、天之骄子的任性骄狂。想要轰轰烈烈地干一番大事业，实现自己的美好理想，这是每个初涉社会的青年的美好愿望。然而，纷繁复杂的现实世界并不像他们想象的那么单纯。面对坎坷，面对荆棘，面对不为人理解的孤苦和寂寞，面对生活道路上的各种障碍，应该做的是谦虚学习，默默吸取教训，学会冷静地自我审视，像隐者一样隐起自己的锐利锋芒，用清醒的头脑思索，不去做无谓的争执，像水一样，采用迂回缓和的方法去战胜和超越。这样，才真正能够实现自己的理想和追求。

反观有些人，却不屑于如此。他们认为自我能力超强，傲气不敛，锋芒毕露，小觑或无视生活有意无意设置的低矮的“门框”，最后的结果，只能是被碰得头破血流，成为不得不在风车前面败下来的“唐·吉诃德”。我们固然也很佩服唐·吉诃德的勇气和不服输的品质，但对于人生而言这种赞赏却不值得借鉴。人生看似漫长，但不能随意挥霍，我们的精力、智慧，一定要在最值得应用的地方发光发热。

在人生的莫测变化中，最难承受的莫过于碰壁饮恨、伤心失意的苦涩滋味了。其实这些都不可怕，可怕的是碰壁不回头，痛定不思痛。在每一个厚重而坚固的“门框”前面，暂时的低头，并不意味着卑微和不顾人格，更不表明就是失去了原则和自尊，而是一种如水一样，如隐者一样的艺术的处世策略，这是智者的表现。

即使真的屈辱了，又能怎样呢？青山不老，绿水长流。想想多少人，都曾有过类似韩信的胯下之辱，想想赖斯、奥巴马，在没有走上万人瞩目的地位的时候，是不是也要在社会的门框前面低低头？

能屈能伸，刚柔并济，从来就不失为男子汉大丈夫的气度和风范。一时的低头，为的是能长久地抬头，正如暂时的退让是为了更好地前进。虽然我们并不都能成为富兰克林，不都能登上如奥巴马一样的总统宝座，但我们在身处的社会中，能够学会低头，学会拥有谦虚、忍让的美德，仍然是人生学习的一门功课。

学会了“低头”，也就学会了水一样的人生，学会了隐者的大智慧，学会了审时度势，把握全局。学会了低头，就能顺利跨越生活中意想不到的低矮“门框”让自己活得更好。

## 三、余论八则

### 1. 奉献者的高尚灵魂

他曾经是一名拳击手，曾经有过骄人的战绩，在场上追求暴力和击倒的快感。他自称这是狂野的艺术，是对暴力美学艺术的完美诠释。

不再年轻的他，不再拥有众多欣赏他那狂野而又俊美脸庞的粉丝……

许多年过去了，他自愿做了一名社区义工，并强行给自己规定每天义务工作8小时。为了他的粉丝和观众，为了曾经欢迎他的社会，他一直坚持了下来。他用颤抖的双手拿起了清洁工具，捧出了自己火热的心，用出了自己的全力，奉献了每天不变的微笑……工作干得非常漂亮！

这个星期天早上，他又在门口开始了他的演讲：“亲爱的朋友们！……”演讲5分钟后结束了，其实都是关于社区规定和倡导文明的内容。没有鲜花，没有掌声，只有他一个人。他默默地收起他的义工牌子，上面写着他的名字——乔·杜马斯，曾经的美国知名歌手和拳击手。

一段时间后，大家才渐渐知道了他，他的义举激发了更多的人参与到了社区义工的行列中，为社会贡献自己的微薄之力，而乔·杜马斯又开始要去下一个社区做义工了。

无人喝彩的社区义工，但乔·杜马斯做得心甘情愿——这就是奉献者的高尚灵魂。

2. 隐者心中的牵挂

身隐、心隐，其实隐者都还牵挂着心中所爱的社会和人民。

小隐隐于野，中隐隐于市，大隐隐于朝。真正的隐，不在乎是独立还是群居，真正的隐者的心，“居届堂之高，则忧其民；处江湖之远，则忧其君。”

作为一个感叹“国破山河在，城春草木深”的苦难诗人，诗圣杜少陵也是一个隐者。他隐在世间，隐在草堂，并未看破世界，蔑视红尘，相反，在国难深重的年代，大声唤出“安得广厦千万间，大庇天下寒士俱欢颜”的心声。没有人会质疑他的思虑，也没有人敢无视他的人格。曾为庙堂中人的他心隐在江湖，为江湖的无奈而哭泣，可以说，他是那个时代为数不多的，始终站着的人。“野径云俱黑，江船火独明”，隐在黑暗中的江火融在那黑暗之间，却放出千百年间不曾幻灭的光焰。

3. 做一棵无人知道的小草

“没有花香，没有树高，我是一棵无人知道的小草。”每当听到这首歌的时候，义工都会感到无比的骄傲。他们的足迹踏遍中国大陆，他们的行动让 13 亿华夏同胞得到实惠，他们的努力和热忱都为这样的一种事业而奋斗。

义工就像一株小草，就像山间的隐者。它可能永远不会长成参天大树，但是它们却遍及山野。每一棵小草都将自己的一点点绿意连接起来，铺满祖国大地，最终就会发挥出无穷的力量。

义工们并不因此而宣扬自己，更倾向于将自己化作一株小草，一株不起眼的无人知道的小草。因为只有默默无闻的小草的精神，才能从真正意义上将义工的能力发挥开去，才会号召亿万同胞加入义工队伍，为社会回馈力量。这种奉献是最真实的，这种情感也是最真挚的。

## 4. 奉献是另一种意义上的成功

成功在不同的人眼中有不同的含义。功成名就不是唯一的解释,但人们心中永远会为它留下一席之地;而奉献也是一种成功,而且较之功名更为高尚,永远为普通人所仰望、圣人所追求。

正如中医上所说的阴阳平衡,人的内心也必须达到一种平衡,才会舒心。这种舒心是人毕生追求的众多成功中的一种。它比功成名就更加困难,因为内心真正的平静很难得到。为了得到,我们就必须失去,自愿、快乐地失去;这种失去就叫奉献。

无需把奉献想得过于高尚,它只是人们索取内心平衡的一种手段,一种不明显的手段而已。人做任何事都是有目的的,不要高估圣人的奉献,也不要低估自己的追求。

如此说来,奉献也带有私欲,只不过这种私欲不像名利那么粗俗而已。奉献也不在乎多少,成为一位乐于奉献的人,也是另一种意义上的成功。

## 5. 天下义工的共同心声

义工不需要出名也不想出名,只希望用仁爱善良之心来对待这个世界,让别人快乐,自己也快乐。

义工是物质社会里不可缺少的一种存在。如吃腻了生猛海鲜之后的那杯绿茶,听多了劲爆强音之后飘出的那首舒缓清新的民乐。义工队伍的不断壮大,义工文化的不断丰富,诠释的是一种现代社会的文明、和谐。

义工不需要光环绕身,不需要漂亮的赞许,他们享受孤独和平淡,享受爱心和善良,享受穿越“钢筋森林”的心灵沟通。

一个慈善、理解、包容、互助、和谐的社会,需要我们在不断丰富自己的同时,也伸出友爱之手去关爱他人。从奥运赛场到汶川、玉树地震灾区,从繁华城市到落后地区,不少义工心甘情愿地默默流汗。他们不需要别人知道自己是谁,从哪里来,只是心甘情愿地奉献并快乐着，如清晨东方的那道霞光，不耀眼，但很美丽。

6. 义工，用自己的心温暖别人

现在的社会，太多的人被自己正在扮演的角色“界定”了：文员只做些文字处理工作，职员永不主动站在主管的角度思考问题，如此等等，不一而足。而义工们则永远用行动拓展自己所扮演角色的内涵与外延，因而能够持续成长。扮演自己的角色，做自己该做的事，做自己的主角。不论什么时候开始，重要的是开始之后就不要停止。

去做义工，为别人服务，体现了一种价值观。几乎每年阳春三月，上海市的义工们带着时令水果和老人喜欢的文艺节目，到市老年公寓慰问老人；酷暑六月，义工们冒着炎炎烈日，带着一瓶瓶矿泉水，一块块毛巾，为一线工人送去丝丝清凉；金秋九月，义工们走上街头，为市民发放各种宣传手册；寒冬腊月，义工们带着油、米、棉被等物品，为困难家庭雪中送炭……当他们带着各类物品，用自己的心去温暖别人的心的时候，他们感到前所未有的快乐；这种感受也一定会深深刻入脑海，成为他们晚年炉火边最美好的记忆。

7. 义于心，工于事

现代生活的快节奏使人浮躁，不少人双脚整日奔波，不停忙碌，却找不到那份心底的踏实了。浮躁的心使人们越来越重视结果，然而令人满意的结果往往需要时间与精力去累积，而快节奏却不允许这样的浪费。人的欲望此时又会压倒一切，并告诉人们只要如何做就能事半功倍，就能飞黄腾达。于是，心中的恶魔就被召唤出来，一步一步吞噬了本性，一步一步打倒了原则。

一点一滴地做善事，一步一步地做实事，虽然无法达到事半功倍的效果，却能使人获得心中的那份平静，坚固最后一道防线——义。一块一块垒起的砖，总是最坚实的，这样砌起的“心灵之家”才能让人安心。

"义于心",能够更好的指导人们"工于事";"工于事",则能更好的促进人们"义于心"。人,不是拥有翅膀的生物,必须用双脚在大地上行走,才能拥有生活该有的那份踏实与美好。现实的生活压力,不足以压倒人的善的本性,不可以摧毁我们最后的防线。

### 8. 让世界充满爱

一些人在踏入社会以后,经历了太多的虚伪狡诈,于是变得世故,不再单纯。一颗充满了功利和污浊的心灵,哪里还会想起从前那份单纯的快乐;同样,一颗冷淡忧伤的心灵,又怎么能感受到世间的友爱和温情。

其实,世界本应充满着爱;而你若对别人施以友爱,也定能得到快乐。当别人遇到麻烦时,主动地走过去,为他出主意,想办法,努力帮他解决困难,得到帮助之人脸上的烦闷定会飞到九霄云外,笑容又在他的脸上重新绽放。看到在自己的努力下解决了别人的困难,你的心中也会舒坦许多。

我们世界需要爱,有爱,让人不再觉得世界冷漠,不再觉得自己孤独。充满爱的世界,才是我们理想中的世界。

在现实生活中,我们无法像古人那样隐居,无法百分之一百地清心寡欲,不受世俗干扰;但内心一定要留一片安静的土地,可以让自己在迷惘时有一个归所,一个可以静静呼吸与思考的地方。一个有原则的人往往更加坚强,没有人可以摧毁他,因为心中的防线永远在那里保护着他以及他的信仰与尊严。

静静地听本性的呼唤,人会渐渐回归大地,即使多了几分沉重,也能微笑着接受。

# 第十三章　陈王昔时宴平乐，斗酒十千恣欢谑

## 学习的人生——谦卑

李白的一生是学习的一生,“磨杵成针”的故事千古流传。他自幼涉猎群书,所谓“五岁诵六甲,十岁观百家”(《上安州裴长史书》),“十五观奇书,作赋凌相如”(《赠张相镐二首》)。十八九岁时,李白为求大学问,曾隐居于戴天大匡山,跟随赵蕤学习经邦济世的学问。

李白虽在政治上不得志,但能壮而不悲。“夫天地者,万物之逆旅也;光阴者,百代之过客也”(《春夜宴从弟桃李园序》),似乎只要“人生得意”纵情欢乐,便无所遗憾。“何以解忧,唯有杜康”,说到“唯有饮者留其名”,才能更好地体现“古来圣贤皆寂寞”,李白又搬出了“陈王”曹植作代表,并化用其《名都篇》“归来宴平乐,美酒斗十千”之句,写出:“陈王昔时宴平乐,斗酒十千恣欢谑。”

但是,李白和曹植毕竟不同。曹植被贬为王,又遭曹丕打压,终生郁郁不得志,空负一生才华。李白比之于曹植,感慨之余又另有一番洒脱,其心态正合古人之言,所谓“穷则独善其身,达则兼济天下”。

李白追古思贤:内心有所坚持,保持一颗时刻学习的心,才能不受外部世界的影响,否则就会被纷繁复杂的社会所左右,不但丧失自我,也不能顺应社会环境,在社会安身立命。

陈王是人之龙凤,即使在人生失意时,仍在平乐观大宴宾客。其实他并非单纯饮酒作乐,一味地放纵自我,而是秉着一种谦卑的精神,和世间的文人雅士们共聚一堂,谈文论艺,共同学习,共同分享知识。

此时的李白,应朋友之召,聚在一起畅饮,自比陈王曹植,把他们的宴饮也比作是平乐观的宴请;除了诉说心曲,更多的还是交流感情,彼此学习,彼此鼓励,彼此支持。

## 一、谦卑一生,学习一生

人与动物的不同,就在于能够时刻学习,不断获取知识。一个不善于学习的人，就不会成为一个有成就的人；而一个会学习的人，必然是一个谦卑的人。

李白的一生，虽然是飞扬激昂的一生，但也是学习的一生。他以自然为师，以广大的学者为师，以古代的圣贤为师。所以，李白能写出令后世传颂不朽的诗篇。

而今天的我们，在竞争如此激烈的社会，如果不学习，就会止步，如果不谦卑，就会被排除在外围。有的刚入职场的新人，觉得所做的事情没什么技术含量，总以为自己什么都懂了，不需要再学习了，洋洋自得地过着每一天；直到忽然有一天被辞退了，才悔不当初。

其实，这个世界上不可能有不需要再学习的完人。

据说，某知名企业的一位总经理曾对人事主任说："你给我调一个优秀可靠的职员来，我有重要的工作交给他做。"

人事主任很快拿了一件卷宗对总经理说："这是他的资料，他在咱们公司工作了20年，从来没有犯过错。"

总经理说："我不要20年没有犯过错误的人。我要一个人，犯过20次错误，但是每次过后都在谦卑地向前辈学习，而且能够学以致用，立刻改正，得到进步。这样的人才是我需要的人才。一个不爱学习、不懂学习的人，怎么能算人才呢？"

谨慎自爱，本来也是美德。但是做得过分，就变成不思进取，时间长了，轻者是墨守成规，重者就是僵化偏执。在战壕里，战士要开枪射击，但也容易暴露自己，给对方射手以机会；但是，一枪不放的战士，又有什么用呢？又怎么去立功呢？"多做多错，少做少错，不做不错"，这句话在许多地方都被奉为经验之谈，初听上去，很有道理，也是明哲保身的秘决。但事实上，所谓的不做"不错"，已经失去了一个人最应有的学习能力，真是如此，人活着还有什么价值？

大家都知道，学习走路的孩子没有不摔跤的，并且在千万个孩子之中，可能有一个摔成了脑震荡。若是有某一位母亲因此坚决不让她的孩子走路,那孩子不会摔跤,身上也不会有疤痕,但是,孩子呢?他永远失去了学习走路的机会和能力,他将会成为瘫子,一生都坐轮椅。

所以,人无完人,有不完美的地方,就促使人去谦卑地学习,以弥补不完美的地方。人生有些痛苦也是要经历的,因为有痛苦才能促使人谦卑地学习,才能获得以后的成功。世界上许多优秀人才都能保持谦卑品格,在工作、生活中持之以恒地学习。

20世纪80年代,一位巴西商人曾经给许多零售公司的老板写信,希望能亲眼看看他们是如何经营零售业的。多数老板都不屑于回答,也有人礼貌的回应:“不,谢谢。”只有沃尔玛零售集团的CEO萨姆·沃尔顿例外。

巴西商人和同事在阿肯色州的本顿威尔下飞机以后,一位满头白发的男子走上前来,问是否需要帮助。

“我们是来找萨姆·沃尔顿的。”巴西人说。

“我就是。”白发男子很谦和地说。

在沃尔顿的皮卡车上,巴西人问了很多问题,沃尔顿一一回答,同时也礼貌而又谦卑地向巴西人请教了很多南美的问题。原来,他也想了解南美。

后来,沃尔顿到圣保罗回访。一天下午,警察打电话找到巴西商人。因为沃尔顿在商场里手脚着地,爬着测量走廊的宽度,结果被拘留了。

沃尔顿犹如沃尔玛集团的精神领袖。他十分好学,处处向学问比他高的人学习,甚至在沃尔玛的仓库中,也不例外地的向管理员虚心求教。正是这样的学习精神,促使他管理的企业日益壮大,兴旺发达。

我们这些普通人要谦卑,要学习。从古至今,许多位高权重的人都懂得要有一颗谦虚的心,为了国家利益,礼贤下士,三顾茅庐。

2010年9月8日,人民网·中国共产党新闻网正式推出“直通中南海——中央领导人和中央机构留言板”。该留言板突出互动性,旨在让广大网友对中央领导人倾诉心声,给中央机构提出意见建议。由于互联网在信息传播方面具有广泛性、及时性、开放性、共享性、互动性等鲜明特点,在我国的政治、经济、文化生活中已经成为学习知识、互通有无的重要方式。这一网络空间,成了网民参政议政、谈是论非、说真话、说实话、说心里话的公共平台。该举措不但使政府变得更加“耳聪目明”,也体现了一个大国虚心听取群众意见的理政态度和以民为本的治国理念。“直通中南海”已经成为政府听民声、采民意、聚民智的快速通道和高速公路。截至2010年9月13日晚6点,给胡锦涛总书记的留言共16166条,给温家宝总理的留言共11231条。

## 二、谦卑是一种修为

中国古代经典《易经》中说:“谦卦六爻皆吉,恕字终身可行。”谦和之所以难,在于人一旦功成名就后常常会忘掉过去那些受苦的勤奋岁月,甚至于趾高气扬,忘记成功之前那步步为营的苦难,自以为已经是苦尽甘来。然而,由失败迈向成功的路似乎艰难无比,但由成功转到失败却往往在一念之间!无论是帝王,还是普通之家,莫不知道“创业难,守成更难”。

自我满足,自认为有很强的能力,是一个危险的陷阱。它需要大量的精力,不断指出自己的成就或是说服别人承认自己的价值;而种种的吹嘘,会稀释别人原本对我们的美好感觉,包括我们一些本来引以为傲的事情。更糟的是,我们越尝试证明自己,别人就越会回避我们,在我们背后谈论我们的吹嘘,甚至会厌恶我们。

令人意想不到的是,我们在越不在乎认可肯定自己,却得到更多人的赞赏。人们总是喜欢亲近一个平静、有自信的人,喜欢不需要装模作样、装腔作势,不需要时时都夸耀荣誉的人,都喜欢一个发自内心的谦和而又乐于分享的人。

世界著名科学家爱因斯坦说:“谦虚就是我的宗教。”

在50岁生日前后,他在柏林住宅内收到了各国政要、总统,各国大学和科学院,众多专家学者的祝贺名片,足可装满几个篮子,因为谁也不愿错过与这位当世最伟大的科学家结交的机会。然而,真正让爱因斯坦感到快乐的,并不是那些颂扬赞美的词句,或是那些显要人物的签名。第一个收到他回信致谢的,竟是一位失业的工人,因为他赚了一些钱,送给这位伟人一小盒烟草。

爱因斯坦深受感动,因为这些穷人们虽然并不了解他的工作,有的甚至不知道什么叫“数学家”或“物理学家”,但他们把“爱因斯坦”这个名字和善良、乐于助人的形象联系在一起,而给予最真诚的祝福。

大家都听说过爱因斯坦不喜欢热闹,在公开场合常显得局促;可是他会很用心地教一个小学生如何了解数学,教一个穷人怎样做一个善良充实的人。

这就是爱因斯坦性格上最吸引人们的魅力所在,他为自己建立了“活在谦卑里”的良好形象。对他来说,真的没有什么事是值得太过骄傲的,他也自认为没有什么作为是比别人了不起的。

诚如著名诗人泰戈尔所说:“当我们是大为谦卑的时候,便是我们最接近于伟大的时候。”爱因斯坦则说,“谦卑”不是上帝命令每一个人都要遵守的道德伦理,而是作为一个人应该活出来的自然修为。

## 三、天使的翅膀总是透明的

无论是在古老的神话里,还是在美丽的图画中,我们总会为天使那对轻盈而透明的翅膀而赞叹。传说,天使早前的翅膀非常沉重而巨大,飞行是痛苦的事情。天使向上帝抱怨,上帝微笑着说:“你身上的东西太多了。”于是,天使检点自己的行装,扔下了诸如嫉妒、虚荣、自大、骄傲等束缚，于是翅膀变得轻巧又美丽，能自由自在地飞行于天堂和人世之间。

世人也一样，当背负着太多的东西时，就会忘记了如何安宁而轻盈地在人生路上奔跑，心灵就会被指引到一条与之完全不同的路上去。

大家都记得幼年时的童话《白雪公主和七个小矮人》，那王后美丽却很恶毒，她总是对着一面魔镜问："谁是最美丽的人？"当答案总是"白雪公主"的时候，她就想尽一切办法要杀死这位比她更美却毫无过错的公主；而这种嫉妒，最后直接断送了她自己的性命。

因为有了嫉妒，所以有了心灵的肿瘤，这颗肿瘤越来越大，就必然导致自我心灵的变形和扭曲，必然导致我们遗忘或失去谦卑的品质和学习的能力，而后者正是根治我们人性缺点的唯一法门。

嫉妒的另一个侧面，也恰恰表明：如果一个人过分地看重自己，就会忘记了如何谦卑，难以正确地评价自己，当然也不可能去谦卑地学习。

布思·塔金顿是20世纪美国著名的小说家和剧作家，他的作品《伟大的安伯森斯》和《爱丽丝·亚当斯》均获得普利策奖。但在他的名声如日中天的时候，他却始终保持着谦虚的态度。他曾不断地讲着的一个故事，或许对我们有些启发。

塔金顿曾参加一个红十字会举办的艺术家作品展览会。其中，有两个可爱的16岁的小女孩来到他面前，诚恳地向他索要签名。

"我没有带自来水笔，用铅笔可以吗？"塔金顿说。

"当然可以了。"小女孩很爽快地答应了。

塔金顿在女孩精致的笔记本上潇洒自如地写了几句勉励的话，然后签上他的大名。女孩看了看，眉头皱了起来："你不是罗伯特·查波斯啊？"

"不是！"塔金顿非常自负地告诉她，"我是布思·塔金顿，《爱丽丝·亚当斯》的作者，获得普利策奖的人。”

小女孩将头转向另一个小女孩，耸耸肩说：“玛丽，把你的橡皮擦借我用用。”

塔金顿说，那一刻，他所有的自负和骄傲瞬间都化为泡影。从此之后，他都时刻告诉自己，无论多么出色，都要谦卑，都别把自己太当回事。只有谦卑，才能让自己的翅膀快乐地飞起来。

我们所有的成绩，无论多么优秀，对于别人，可能是珠宝，也可以是毫无价值的尘埃。我们越是期望别人眼中的自己会光芒万丈，看到的就越可能是失望和无情。

而若是能谦卑一点，就能发现自己是多么微不足道，是多么需要在各个方面不断地学习。

同样，伟大的思想家卢梭也认为：伟大的人是决不会滥用他们的优点的，他们看出他们超过别人的地方，并且意识到这一点，但绝不会因此就不谦虚。他们的过人之处越多，他们就越认识到自己的不足。

所以，谦卑的一生，必然是学习的一生，也是成功的一生。

## 四、余论九则

### 1. 谦卑与学习

学习能丰富人生，学习更能改变人生。学习是对机遇的把握，是创造财富的本领；学而不厌的人生态度，虽然无法改变人生的长度，却能改变人生的厚度；身体力行的学习实践虽然无法改变人生的起点，却能改变人生的终点——有一个清醒的头脑比有一个聪明的头脑更重要；有一种良好的习惯比有一种熟练的技巧更实用。

学习的人生中始终贯穿着谦卑。较之乱世，盛世中面对的金钱刺激和物质诱惑更多。只有保持谦卑，才能让自己心理平衡，才会时刻警醒，懂得处处学习，不断提升自己的精神境界和道德水平。张良谦卑地为老人拾鞋穿鞋而被赠予治国安邦之书的故事，就是典型的例证。在当今时代，谦卑同样能给我们力量，给我们正确的判断力和思考力，帮助我们对当下发生的事情有清醒的认识。

谦卑的学习和心智的开放不同。谦卑是因，开放是果。如果不肯放下，我们的心智就无法开放，如果不能谦卑，我们就会自大，就会骄傲自满。无法谦卑是因为人们套上了许多枷锁，如情感、物欲、态度、收入等外界的诱惑。这些东西会蒙住心灵的眼睛，影响我们的视野，让我们变得鼠目寸光，畏首畏尾，让我们的心沉浸在黑暗之中，难以见到光明。只有谦卑地学习，才能让我们看得更远，更清，看到事情的本质。

### 2. 人外有人，山外有山

在希腊神话中，众神之父宙斯与太阳神阿波罗争论谁的射术高明。背着金箭的阿波罗用力张弓，射出一支箭，而宙斯却只向前迈一大步，就跨到了阿波罗落箭之处。这个故事说明，强中更有强中手，人外有人、天外有天。一个人只有懂得适度的谦虚，才能够赢得别人善意衷心的建议，使自己的境界更上一层楼。

当我们在生活中、学习时、工作间，如果有了一点点成就，千万不要得意自满，而要时刻谨记：人外有人，山外有山。鉴于世界的庞大，我们目力所及的深度和广度，都不可能成为任何时刻、任何领域的第一。也许，就在最不起眼的地方，一个转身，便会发现有比自己更强、更高、更大的人和事。保持一颗谦虚的心，学习的心，才能在人外人、山外山的奋斗路上逼近目标，获得成功。

### 3. 千万别眼高手低

继 2010 年 5 月，中组部在全国组织系统开展了轰轰烈烈的“万名组织部长下基层”活动后，2011 年国家公务员考试新颁布的招考简章加大了从基层和生产一线录用公务员的力度，用于招录具有2年以上基层工作经历人员的计划数达到计划总数的85%。

刚踏入社会的青年人,不管自己毕业于哪所名校,学历有多高,放低姿态,从基层做起,虚心求教,积极进取,都是天然的使命。只有这样,才能充分发挥自己学习与理解能力强的优势,才能有针对性地补足与自我相关的新课程、新知识,才能促使自己更快更好地成长。

而只有经过基层锻炼,才能克服眼高手低的毛病,才能了解广大人民的所想所需,才能把自己的创新思路贯穿到实际工作中去,因地制宜、遵循规律地提出可操作性强的建议、对策,才能更好地为国家、为民族做实事,才能成为社会真正需要的人才。

### 4. 放低姿态,虚心处世

困境最害怕的品质是顽强与谦虚。顽强让人坚定、不气馁,谦虚让人冷静,不盲目。如果面对困境,面对失败,我们还只顾高昂着头,往往不容易看清前面的路;如果放低姿态,虚心一点,你就能免入歧路,避开泥泞,走进清风白云的新天地。

不仅在遇到困境时,需要保持低姿态,需要虚心求教;在取得了成绩,获得别人的好评时,更要保持谦虚的姿态,否则就会贻笑大方。

有个寓言故事:一只蚊子飞到一头牛的牛角上停住了,呆了很久,然后,蚊子对牛喊道:“喂!我要走了。”牛没有理会它。又过了一会儿,蚊子又对牛喊道:“喂!我真的要走了。”牛还是没有理会它。最后蚊子很生气地对牛嚷嚷道:“我都说我要走了,你为什么不理我啊?”牛漫不经心地说:“你来的时候,我没有注意到你来;你要走了,又与我有什么相干呢?”

在人生的某些时候,无论你自认为有多么重要,你在别人的目光中或者可能就根本不存在。把自己太当回事,只能自讨没趣。

### 5. 多听老人言

常言道:“不听老人言,吃亏在眼前。”美国最新一项研究结果证明,这句话确有道理。

为探究影响智慧的因素,研究人员在普通人与专家学者间展开对比研究。他们从密歇根州征集247人,划分成25岁至40岁、41岁至59岁以及60岁以上3个年龄组,每组人数基本相同。考题是有关外国族群好冲突的虚拟报道,按要求需分析事态的发展与结局。结果发现,无论是处理人际冲突还是接受生命之无常乃至当下变革,老年人确实更具智慧。老年人也许不太了解如何使用电脑或电视遥控器,但他们在分析社会问题方面确有优势。

老年人比青年人或中年人更可能发现每个人不同的闪光点,更可能承认生命的无常,接受随时间变化的事物,承认他人观点。

老年人的经验、阅历、生活感悟,对我们年轻人来说,都是一笔弥足珍贵的财宝。我们在遇到困难、心有困惑的时候,多听听老人们的建议,多学习老人们的心态,人生的路会走的更好,更快。

### 6. 满招损,谦受益

潘石屹被看作是当今中国最活跃、最具有鲜明个性的年轻的房地产领袖之一,却鲜有人知他还是一位十分谦卑的人。他在网络上开了微博,不为出名,只为学习。他说:"微博比博客互动性更好,让我的交往范围、交流范围大大扩大。作为公司的董事长,我想更多的应该是思想,思考公司的方向。这些思想和对公司发展的方向的思考不能闭门造车,要和社会结合,和社会有更广泛的交流。"

潘石屹曾对他的人生成长做小结,他用三种动物形容:小时候是骆驼,跟着别人走,没有自己的方向和主见,自己也没有决策的能力和决策权;第二阶段是狮子,有了决策权,争强好胜,总想做兽中之王;最后一个阶段是婴儿,顺其自然,圆润,谦卑,低下,顺从上天的意愿。而对广大的渴望成功的年轻人,他的忠告是:"作为创业,一定需要好多人来帮助你才能成功。实际上这个世界上还有很多看不到的力量,看不到的机会会来帮助一个谦卑的人,但绝对不会帮助一个骄傲的人。"

7. 选择学习就是选择飞翔

学习是积累,是储备。终身学习的思想观念,正逐渐成为当今时代个人及社会科学发展的现实要求。一个婴儿从呱呱坠地到牙牙学语,从蹒跚学步到识文断字,人生的每一刻,学习无处不在。

学习是人生之翼,选择学习就是选择飞翔。学习不是一阵子的事,而应该"活到老学到老",就像鸟儿终生都在飞翔。人生需要不断地学习;如此,可使人的胸襟更宽广,可使人的目光更远大。不热爱学习、不善于学习、不愿意学习的人,难以体会到内心充盈的喜悦,难以获得学以致用的舒畅,难以感受到与时代同频共振的满足。假如作为社会细胞的每个个体都能懂得谦卑,懂得终身学习,那么,人们的心灵就会健康,思想、感情就会相对纯净,人们就能时刻警醒自己的行为。而从宏观意义上说,一个民族保持谦卑、学习的心态,才能使盛世得以长久延续。

8. 低姿态,高标准

低姿态是做人的最佳姿态,高标准是做事的最好标准。

家乐福于 1995 年进入中国后,其以低姿态进入的本土化策略令全球的零售商刮目相看,尤其是在第一零售商巨头沃尔玛高调进入中国却惨遭失败后,家乐福的经营策略更值得人们深思。

家乐福无论到何处,都致力于融入当地的文化和环境。他们选择顾客最便利的位置开店,各门店 95%以上的商品在当地采购,以确保产品的新鲜度并贴近本地消费习惯,并向顾客提供最优惠、最多样化、最高品质的商品和服务,创造舒适优美的购物环境,让购物不仅成为人们的生活所需,更成为一种生活方式。家乐福积极地融入当地,不但大量聘请当地员工,实现本土化管理,并为本土员工创造事业成功的机会,与本地经济共同发展。

人一生中安身立命离不开两件事:一是做人,一是处事。而最能发展自己和成就自己的人生之道便是:高标准处世,低姿态做人。

## 9. 活到老，学到老

“活到老学到老”一语，出自古代雅典著名政治家梭伦之口，直译为“我愈老愈学到了很多的东西”。梭伦早年就赢得“雅典第一诗人”的桂冠；在实行摧毁氏族制度的“梭伦改革”前后，四处游历考察；晚年退隐在家，从事研究和著述，经常吟咏“活到老学到老”。

而在我们短暂的一生中，需要通过学习突显自己的价值。年轻时，学是为了理想，为了安身立命；中年时，学是为了补充，补充知识的缺陷，谋取事业成功；老年时，学则是一种意境，慢慢品味，自乐其中。

罗马政治家柯图 80 岁时，决定开始学习希腊文；加拿大前最高法院院长威廉爵士在 90 岁高龄时说：“有许多最好的东西，还在等待我去学习。”宋美龄 60 多岁后才开始学习国画；鲁迅先生在临死前一个小时还在写文章；英国生物化学家李约瑟在夫人去世后，与从事科技史研究的 80 多岁的鲁桂珍结婚，李约瑟在婚礼上致辞说：“两个 80 多岁的老人站在一起，似乎有点滑稽。但是，我的座右铭是：‘就是迟了，做也比不做强。’”

人生要成长，要进步，就需要不断学习，活到老，学到老。

# 第十四章 主人何为言少钱，径须沽取对君酌

## 挑战的人生——为原则而活

置酒会友，是人生乐事。不知是主人看到李白已有醉意，还是真是准备的美酒不足，出言相劝："太白兄，不要再喝了，没酒了，没酒了。"诗人的豪气顿起："是不是钱少了，没钱买酒了？不要管，径直去打酒，让我们把酒言欢。"其实朋友既然相招，必然备足了美酒，李白只是借着朋友的劝酒，说出了一个原则的问题——无论外界环境如何，自己境遇怎样，内心一定要有坚持。

李白一生政治上不得志，却坚持以天真的赤子之心讴歌理想的人生，总以满腔热情去拥抱整个世界，把握现实而又不满足于现实，投入生活的急流而又超越苦难的忧患，在高扬亢奋的精神状态中实现自身的价值。从十五仗剑出游，到暮年醉死，李白从未放弃过自己的抱负和理想。

李白是中国的杰出文人，有着中国文人最为质朴的一面：挑战人生，正义而有原则。李白不崇尚权贵，甚至是鄙视权贵，在他早期的干谒中，主要表现为"不屈己、不干人"、"平交王侯"的平等要求。他有时也发出轻蔑权贵的豪语，如"黄金白璧买歌笑，一醉累月轻王侯"(《忆旧游寄谯郡元参军》)等，但主要还是表现内心的正义感。而随着对高层权力集团实际情况的了解，他进一步揭示了布衣和权贵的对立："珠玉买歌笑，糟糠养贤才。"(《古风》)；而在《梦游天姥吟留别》中，他发出了最响亮的呼声："安能摧眉折腰事权贵，使我不得开心颜！" 这个艺术概括在李白诗歌中的意义，正如同杜甫的名句"朱门酒肉臭，路有冻死骨"(《自京赴奉先咏怀五百字》)在杜诗中那样重要。

这就是他所坚持的原则，一种融入自我和社会的原则。正是在这样的原则之下，正义才能有它生长的土壤，才不必一定要依附什么去生存。

在21世纪的今天，这种坚守同样适用，不论是谁，同样为着一种人格的尊严与正义而生存，而生活，而奋进；我们依然需要原则，需要正义，需要提升自我修养的智慧。

## 一、“原则”的地位

古代没有现代的照相技术，我们不知道李白相貌如何，但从人们的绘图上看，被诗化得很美，很飘逸；事实上，我们对他的形象，更多的来自于他的诗歌所传递出来的信息——他的人格的魅力，他的坚持的魄力，他的如磁石一样的吸引力。

所以，世界上有这样一种人，可能外在形貌平平，但是内心有一种强大的人格力量，能够不知不觉地把人吸引在他的身边。一个人这种内心的能量，并不表现在某种卓著的才华上，或某种值得炫耀的技巧上；这是一种凝聚力、一种为人的坚守和把握原则的精神。

现实生活中，坚持原则很重要。对个人而言，坚持原则既是事业发展的需要，也是生活幸福的保证；对国家，对社会而言，坚持原则就是坚持国格，坚持民族的利益和尊严，坚持民众的利益和社会的进步。只有懂得坚持，才能有成功和安宁。

2010 年 9 月 7 日上午 10 点 15 分左右，在钓鱼岛海域久场岛西北偏北约 12 公里海域，一艘中国拖网渔船船头撞上了日本海保巡逻船“与那国”(Yonakuni)号船尾附近。巡逻船部分受损，但没有人员伤亡。过了约 40 分钟后，这艘渔船又与追踪的另两艘日本巡逻船中的一艘发生了碰撞。日本海上保安厅 7 日夜间决定，计划以涉嫌妨碍执行公务为由，逮捕中国渔船船长，同时还以涉嫌违反《渔业法》(逃避登船检查)为由展开调查。日本政府高官 7 日晚间表示，将把中方船长“带到最近的检察机关或是警察机构，按照日本的程序加以处理”。

中国外交部副部长宋涛 9 月 7 日奉命约见日本驻华大使丹羽宇一郎，就日本海上保安厅巡视船在钓鱼岛海域拦截中国渔船提出严正交涉，要求日方停止非法拦截行动。

日本外务省亚洲大洋洲局审议官北野充7日召见中国驻日大使馆公使刘少宾，对此表示遗憾。北野宣称“这是渔船进入日本的领海非法作业的事件”。

中国外交部发言人姜瑜7日表示，中方对日本巡逻船在钓鱼岛海域同中国渔船相撞的事件表示严重关切，已向日方提出严正交涉。姜瑜在例行记者会上回答有关提问时强调，钓鱼岛及其附属岛屿自古就是中国领土，我们要求日本巡逻船不得在钓鱼岛附近海域进行所谓“维权”活动，更不得采取任何危及中国渔船和人员安全的行为。她表示，中方将密切关注事态发展，保留做出进一步行动的权力。

不管日本政府是为了党派竞争的需要，还是有其他目的，拿钓鱼岛的主权来挑战中国，中国人不会容忍，更不会纵容——这不仅是中国人的坚持，也是每个爱好和平、爱好家园的人的坚持！国家领土的完整，是每个国家的坚持原则的底线。

而中国各地民众对日方拘押中国渔民渔船的行径表达了极大愤慨，这充分体现了他们维护国家主权、领土的意志和决心。2010年9月15日，鉴于日本仍拘押中国船长詹其雄，中国政府决定推迟全国人大常委会副主任李建国率团访日。在钓鱼岛问题上，中方立场非常明确，钓鱼岛自古以来就是中国的固有领土，这一事实是任何人都无法改变的。中国政府对维护国家主权和领土完整的意志和决心也是坚定不移的。

## 二、能侥幸多久？

坚持原则，主持正义，是一件非常不容易的事情。不但要饱受物质上的折磨，还要经受精神上的洗礼。

一个有原则的人，必是一个有坚定的意志、信仰和崇高理想的人，一个胸怀宽广的人，一个能在任何时候都保持自我的人。而一个没有原则的人，就像一个不倒翁，你永远都不知道他将在何时向何方倾斜。正如英国著名政治改革家和道德家斯迈尔斯所说："一个没有原则和没有意志的人就像一艘没有舵和罗盘的船一般，他会随着风的变化而随时改变自己的方向。"

有原则的人，从来就不相信侥幸，认为那只是中世纪女巫玩的把戏。而无原则的人，则无所谓好坏，只要是能取得那怕是针尖一般大的利益，他也会不遗余力地去争个头破血流。

人生之路也是如此。在职场上，在工作中，在与人的交往中，在事业的开创中，原则和侥幸永远都不能混为一谈。

一家高级轿车代理商的总经理，决定从两位业务主管当中选出一位来接替他的位子。他找来两个人，布置了一项任务。

任务很简单，德国原厂 50 辆最新款轿车就要运抵台湾，他想给这两位业务主管三个月的时间，谁卖得最多，谁就是新的总经理。老总特别强调一点，这款车有一个电子零件有瑕疵，瑕疵现象的发生几率只有 50%，因为这个瑕疵不会影响到行车及安全性，原厂没有计划召回车子。但是若瑕疵真的发生了，零件要等三个月后，才能运抵台湾帮客人换修。

两位候选人都相当有信心，因为根据销售纪录，两人都有在三个月内卖掉 30 辆车的实力。但最后的销售状况却出现很大落差，在三个月竞赛期将满的时候，其中一个业务主管卖出了 49 辆，另一位却 1 辆也没有卖出。

老总很纳闷。他调出两位竞争者的销售日报表，却惊讶地发现，两位的来客数及试车数不相上下，销售量却南辕北辙。

好奇的老总于是央请一位朋友乔装成顾客，分别向两位总经理候选人买车。经过详细的介绍，并且煞有其事地试驾后。老总的朋友很满意地向这位已卖出 49 辆车的业务主管说："请问最快何时可以交车？"业务主管："可以立刻交车。"老总的朋友回应说，两天内决定。

第二天，老总的朋友向另一位没卖出一辆的业务主管试车，问:“最快何时交车?”业务主管:“三个月。”老总的朋友:“为何这么久?”业务主管:“此车进量有限,我的配额刚好卖完,若您急着要车,我可以介绍您给我同事,他还有最后一辆。”

老总在听完朋友的叙述后,好奇地找来那位落败的业务主管:“听说,在他卖出的那 49 辆中,有 30 辆是你介绍的,为什么这样做?”

业务主管说:“从员工的角度,我有达成销售的责任,因此不能停止销售这 50 辆车;但从自己的原则和公司原则的坚持上,我无法卖一辆事先知道有瑕疵,却没有零件可以更换的车子给客人。所以在向客人介绍时,我都如实地向客人告知瑕疵。虽然造成最后别人卖得比我多,但如果他被您选为总经理,就表示您比较在乎业绩,比较不在乎诚信的原则。从职场生涯角度看,我也不适合这样的企业文化。”

就在这个时候,那位卖了 49 辆车的业务主管走进办公室,脸色不大好地拿一张文件给老总。这是德国原厂发的电子邮件,上面写着:“25 件备品要再延迟 30 天才能交货。”

这位业务主管不安地对老总说:“又要延迟 30 天,我有好多客户吵着要退车。”

老总问:“有几位?”业务主管说:“25 位。”

25 位!刚好是 50 辆的一半。有趣的 50%侥幸几率,逃都逃不掉,50%的零件瑕疵全部都出现了。我们都知道,你若投一百次硬币,正反面的几率各是 50%。换句话说,谁都无法左右侥幸的几率,因为它最多只有 50%;但剩下的 50%却是你可以 100%做主的。

这也是一个原则和侥幸几率的问题。

在这个故事中,卖出车的业务主管选择了 50%的侥幸几率,抛弃了 100%原则,没有卖出车的那位恰恰相反。如果你是要买车的顾客,你会跟谁买?你会选谁当总经理?可以确定的是,没有谁愿意被那 50%的侥幸几率击中!

同样的，在我们的生活、学习和工作中，又曾有多少人的行为会选择诚信的原则呢？在未来的日子里，它们绝不会给我们带来100％的坚持和荣誉。

自三聚氰胺事件之后，2010 年 8 月，一则“圣元奶粉疑致女婴性早熟”的报道又引起消费者的广泛关注。2010 年 8 月 5 日，江西省奉新县 10 个月女婴、山东省临沂市 8 个月女婴出现早熟症状，广东湛江 3 个月婴雌激素检测超标，他们均因自出生就喝圣元奶粉。但家长申请奶粉检测遭到质检机构拒绝。8 月 8 日，圣元营养食品有限公司在其官网上发布“致媒体的公开信”表示，圣元公司生产销售的奶粉不存在添加任何‘激素’等违规物质的行为。

此消息一经刊出，民众哗然。中国奶业协会理事王丁棉怀疑是牛奶遭激素污染，可能来源于产奶环节，问题可能出在养殖环境，厂家应该对奶源进行彻底检验。养殖是不主张使用激素，但养殖者为了巨大的利益，可能会违规操作。郑州市儿童医院内分泌科主任卫海燕则说，饮食是孩子性早熟的重要原因，反季节蔬菜和水果，禽肉，特别是禽颈，也容易导致性早熟。因为很多禽类是用拌有快速生长剂的饲料喂养的，禽肉中的“促熟剂”残余主要集中在家禽头颈部分的腺体，禽类几乎都是在激素的帮助下提早成熟的，一定要避免给孩子食用。而为了确保乳品安全，国家在 2008 年制定了《乳品质量安全监督管理条例》，要求加强奶畜养殖，生鲜乳收购，乳品生产、经营、进口等各环节的监督检查，明确规定禁止销售、收购和加工尚处于用药期和休药期内的奶畜产品，不符合健康标准或者没有经过检疫合格的奶畜产品，以及不合法规标准的生鲜乳，进而从源头上控制生鲜乳的兽药残留。

不管导致儿童性早熟的原因究竟是那种，民众对食品的安全意识，对正义、安全原则的坚持，国家、社会对此问题的明确态度和相关法规的制定，都必然会随着社会的发展和进步而与时俱进，绝不会对制假造假、损害人民身体健康以及谋求个人私利的个体和团体姑息养奸。随着各种先进的检测手段的应用，高标准的实施，监管部门的检测，人民群众的监督，维护食品安全，维护正义、安定的社会环境，将是所有人应该坚持而不能心存侥幸的原则。

因为侥幸是动摇原则的最具危害性的心理。任何一个国家、集体、组织，只要有利益，就会有贪官出现。随着近年来各地的贪官污吏一个个乌纱落地，一个个监牢服刑，一个个刑场伏法，人们也禁不住要探究，这些本来都是有原则的人，为什么像鲫鱼过江一样颠覆了自我的原则，置公平正义于不顾呢？从阳光大道滑向罪恶深渊，各有各的动因，但其共同心理根源就是心存侥幸，总以为自己高明绝伦，做得天衣无缝，神鬼莫测。如果认为一伸手就会被捉，谁还敢贪？这也正像小偷，有贼心，有贼胆，也有贼智和贼技，如果没有侥幸心理支配，终不敢轻率伸手。侥幸一生，初试得手，侥幸心理就会越来越强烈：原来赵公元帅的门是虚掩的，不贪白不贪，贪了也白贪。贪官的心理活动和小偷一样，都是自己的侥幸心理蛊惑自己走向犯罪，从而置原则于不顾。

从贪官因侥幸心理而断送前途的现象出发，进一步探究，发现做什么事抱有侥幸心理都是有害的，正事邪事都不可侥幸。贪官的才智比诸葛亮如何？诸葛亮智勇双全，安百姓、约官职、治军旅，从不侥幸弄险，西县空城计都是小说家一手虚构的。历史真实是马谡在街亭败于张郃，诸葛亮持重虑远，拔西县千余家，还于汉中。做正经事，光明正大，尚且不能侥幸，何况冒天下之大不韪，走千手所指、千目所视的歪门邪道呢！心存侥幸，企图逃过天下人的眼睛，几乎是掩耳盗铃。

所以，每个人应有正确的原则，坚定的信念，作为自己的精神支柱，同时坚决摒弃侥幸心理。只有这样，我们才能深深地理解古人所说的“大丈夫”的概念：“富贵不能淫，贫贱不能移，威武不能屈，此之谓大丈夫。”（《孟子·滕文公下》）一个人，并不是一定要居住在天下最广大的居所里，就能被称为是顶天立地的大丈夫；而是要高瞻远瞩，站立在天下最正大的位置上，要浩然正气，行走在天下最广阔的大道上。在能实现志向的时候，就与民众一起去实现，不能实现志向，就独自固守自己的原则，不受富贵诱惑，不为贫贱动摇，不为武力屈服。这样的人才问心无愧，这样的人才叫大丈夫，才不失为世间的英雄。

## 三、余论九则

### 1. 铁的纪律，爱的要求

人生的原则，每个人都有，正义的判定，每个人都会，人生的精彩，尽在对人生原则的把握，对正义的执著。这是铁的纪律，也是爱的要求。原则是人类行为的准则，也是不容置疑的基本纪律，历经考验而永垂不朽。正义是人间正气的凝聚，是大爱，没有正义，世间将是一片黑暗，没有正义，社会将如荒漠般可怕。

铁的纪律是取得胜利的基本保证，是战无不胜的团队基础之一。用铁的纪律管束自己，为自己的人生规划，实际上也是在和自己搏斗，不但能战胜自己过分追逐利益的欲望，同时也战胜自己胆怯的心理。

人生中的爱，不是小家中的卿卿我我，而是大爱，是获得人生意义的爱，对自我，对他人，对社会的进程的贡献和对自我价值的实现。一个没有对爱有要求的人，即使获得成功，也仅是暂时的，因为历史的长河中唯一能留存的只有爱。

### 2. 为原则而活，为公道而战

中国人崇尚任侠之气，为何？因为侠代表着正义的存在和伸张，代表着自我原则的坚持和实现。古人说侠是“道之所在，虽千万人吾往矣；义之所当，千金散尽不后悔；情之所钟，世俗礼法如粪土；兴之所在，与君痛饮三百杯”。侠士们的行事原则是“十步杀一人，千里不留行。事了拂衣去，深藏身与名。三杯吐然诺，五岳倒为轻，纵死侠骨香，不惭世上英”。我们熟知的刺秦王的荆柯、聂政、专诸，还有李白等，都是为原则而活，为公道而战的侠客。

虽然，今天他们都在风中消散，我们很难再见独行万里为着曾允朋友一诺的男人，也很难再有“拼将一生休，尽君今日欢”的女子。但是，我们依然为心中的原则而坚持着，为世间的公道而战斗着，对家庭负责，对族人负责，对国家和民族负责，对看不见摸不着的社会风气负责，并为我们身边这样的勇士而鼓舞。

### 3. 不要让这些事再发生

从 2008 年 8 月河北石家庄三鹿集团股份有限公司爆发三聚氰胺污染事件，到 2009 年 2 月 12 日，石家庄市中级人民法院正式宣布三鹿集团破产，饱受“毒奶粉”之害的善良的人们，天真地以为从此可以高枕无忧。但是，青海民和县“东垣问题乳粉案件”，吉林省徐志学、李学荣等生产销售“天庆牌”全脂速溶锌钙奶粉案件，阳泉市金福来乳业有限公司“三来牌”全脂乳粉案，太谷县营养保健制品有限公司“白塔牌”全脂甜牛奶粉案，圣元奶粉激素事件……又一次让人们惊呼：我们为什么连一小袋奶粉都管不住呢？到底是什么导致的问题？到底是质检部门的问题，还是厂家的不负责任？为什么这些问题都要用一个个小生命去承担？难道女人生孩子，是为检验奶粉的吗？

然而，当我们回视我们的生活的时候，在感叹高科技带来的舒适和快捷的同时，我们赫然发现，我们已经被所有知道和不知道的危险所包围。科学理应造福人类，但滥用就变成一柄毒剑。食品安全刻不容缓，不要再让这些事情发生在我们的眼前。

### 4. 谁可以站出来说话

“海豚的微笑，是世界上最大的误解”；但是，谁能站出来说话？有多少人能意识到，在看海豚表演时，我们的欢声笑语是建立在海豚的痛苦之上的呢？因为独特的声纳系统，导致海豚在小小的空间里承受了巨大的压力，以致身患胃溃疡等各种疾病，一只只早早死去。理查德·奥巴瑞(Ric O'Berry)是当今世界最权威的海豚音学家。海豚曾救过他的性命，而他也因为训练海豚享誉世界。今天，他成为海豚斗士。

2010 年，第 82 届奥斯卡金像奖颁奖典礼在洛杉矶柯达剧院举行，皮斯豪斯和奥巴瑞冒着生命危险拍摄的影片《海豚湾》获最佳纪录长片，将一场关于生命的血腥展现在世人面前，试图唤起人们的良知。

影片最后，70 多岁的奥巴瑞顶着满头白发，胸前挂着一台移动电视，屏幕上放映的正是太地町渔民屠宰海豚的录像。他就这样踏进国际反捕鲸协会会场，走到各国代表前无声地抗议，被带走也没有任何反抗；他还这样走上东京涩谷的十字街头，在人潮中静静地伫立着……终于，一个人停下脚步，接着，两个、三个，驻足观看的人越来越多……希望这些人是不仅为海豚，还为其他的许许多多生灵的快乐和幸福而勇敢站出来并终生奋斗的人。鲁迅说："其实地上本没有路，走的人多了，也便成了路。"

### 5. 道德，一个社会的价值观

道德，某种程度上是一个社会价值观的表现；它规范和约束着人的行为，使人们能够和谐地共同生存下去。道德是内在的自我约束，一个人的世界观一定程度上决定了其人生观，人生观一定程度决定了其价值观，从而影响道德观。

道德不会一成不变，每个社会有每个社会的道德，尤其是新旧交替的时代，社会内在秩序面临着前所未有的考验；但最根本、普遍的原则是一样的，那就是人们之间的和谐愉快。道德的稳固和谐，可以是两种形式，一种是大一统，一种是各种价值和道德并行不悖，和谐共处；当然这种和谐共处也是有一个大一统的价值理念作前提，那就是"自由"。

道德的沦丧，对人个体来说，由于道德水平低，因而素质低、修养低，会因许多不必要的事而产生无谓的烦恼、苦闷，影响其生活质量甚至身体健康。从社会总体来讲，会使社会相对不稳定，不太平。人们相互危害的行为增加，最终必将影响人类的生存。

6. 和不公平现象说 NO

有许多人认为，中国社会正处在转型期间，城乡差异、各地经济发展水平的差异、不同农村的差异、同一城市不同区段的差异，势必决定资源向优势地区和部分人群集中，尤其是在市场经济条件下，社会不公平是一种必然规律。

社会不公平现象是我国现阶段的一种客观存在，但绝不是一种不可逆转的必然规律，当然改变它需要一个较长的过程。但是，我们如果把这一现象当作规律，对此听之任之，那么，这个问题不仅解决不了，而且会越来越严重；民众的怨气也会越来越大，最终可能导致灾难性的后果。所以，我们需要努力促进社会各方面公平的实现。

只有每个人都出一份力，贡献一份爱心，担当一份主人翁的责任，从我做起，对社会的不公平现象说 NO，假以时日，必然会令社会的不公平现象如过街老鼠，人人喊打，让社会逐渐走上遵循原则的公平之路。

7. 维护自己的正当权益

“3.15”是国际消费者权益日。十几年的时间，“3.15”从一个国外泊来的普通纪念日，演变成为中国消费大众维权的一个节日、一面旗帜。它提醒我们，不仅作为消费者，在社会的各个方面都要善于维护自己的合法权益。

有些公司在招聘时，会故意侵犯应聘者的合法权益；如果应聘者不敢维护自己的利益，公司就不予录用。理由很简单：你连自己的合法权益都不敢维护，怎么会大力维护公司的利益呢？这也从另一个角度说明，坚决维护自己合法权益的必要性与重要性。

首先，要牢固树立对社会不公平现象说NO的信念，增强合法的维权意识，树立成熟的维权观，不莽撞、不盲目、不放弃，做到“有理、有节”的维权。其次，要善于学习维权知识和法规，提高维权本领，学会利用各种方法维护自己的合法权益，提高解决现实问题的能力。

让我们做一个文明而又聪明的维权者，还社会一份清明，还人生一份安然。

8. 不要等着大自然来报复

当我们欣喜地食用餐桌上各种美味时，我们正在受到严重依赖化学物质而生产的农产品的毒害。事实上，动物制品中杀虫剂残留物的浓度甚至比植物食品的还要高。

自1979年中国香港出现人禽流感病例以来，全球开始进入全面阻击禽流感的时代。虽然禽流感是由于候鸟等迁移传播的禽流感病毒引起的一种急性传染病，人禽可能共患；但焉知不是由于人类为了一己之私，不遵守自然法则，丧失自我原则，无度地向自然索取，用科学这把利剑不断地掠夺和污染自然所致呢？

如今被当成预防药喂给动物的抗生素，已经进入人类的食物链，因此人体正以空前的速度对四环素、红霉素和环丙沙星(治疗炭疽菌用)等愈来愈多的抗生素产生细菌抗性，而这些药在过去都被认为是应该能治疗所有细菌性疾病的。当细菌连这些抗生素都产生抗药性时，等在人类面前的将会是一场噩梦。

恩格斯在《自然辩证法》一书中说：我们不要过分陶醉于我们对自然的胜利，因为每一次大自然都进行了报复。

9. 让我们一起努力

孟子说：“居天下之广居，立天下之正位，行天下之大道。得志，与民由之；不得志，独行其道。富贵不能淫，贫贱不能移，威武不能屈。此之谓大丈夫。”每个人应有正确的原则，坚定的信念，冲天的正义，作为自己的精神支柱，不畏艰难困苦，奋勇向前。

对每个人来说，一生是漫长的日月更替，在循环往复的自然中，人生都是短暂的微不足道的一瞬。然而，总有那么一些人的名字和事迹能够在历史的长河中留存下来，世代为人传诵。他们的人生充满了挑战，却又能为原则而活，为正义而战。

万流终会入海，许许多多个人的力量汇总起来，就能成为社会的伟大力量。当我们摈除了种族、肤色、地域、时空的界限而联合在一起的时候，力量无法估量。千万人的力量必将成为社会的推动力。让我们一起努力，共同创造美好的家园。

## 第十五章　五花马，千金裘，呼儿将出换美酒，与尔同销万古愁

# 美满的人生——和谐社会、大同世界

中国文化在总体上可以说是一种"和"文化。虽然长期以来处在一个阶级森严的社会里,中国文人却从一直非常注重和提倡"和谐":人与自然的和谐、人与社会的和谐以及人与人的和谐。和谐的本义是指音乐的声音相应、协调,引申为哲学、政治等领域里的一个观念,指事物多元的对立、冲突、融合、统一而达成的一种协调的状态与境界。老子曾说:"人法地,地法天,天法道,道法自然",强调人类必须以遵循自然规律作为自己的行动准则。中国传统文化中可贵的是善于从矛盾对立的事物中发现有利于解决矛盾、消除分歧的积极因素,强调把"和为贵""求同存异"作为处理矛盾或冲突的最佳途径和最高法则。这不仅是一种伦理要求、处世之道,而且也是一种被广泛认同的世界观。

中国古典诗词的内容蕴涵着"诗人心灵的和谐""人与自然的和谐""人与社会的和谐""人与人的和谐"等丰富的和谐、大同思想。诗人李白一生中,不仅游历名山大川,从人与自然中见证着天、地、人的和谐之道,所谓"我见青山多妩媚,料青山见我应如是";也通过自我的言行,验证着人与人的和谐、人与社会的和谐。在《将进酒》一诗中就表现得淋漓尽致:"与尔同消万古愁"。

李白以布衣之身而藐视权贵,大胆地嘲笑以政治权力为中心的等级秩序,批评腐败的政治现象,以叛逆反抗的姿态积极进取,要求建立平等、和谐、有序、人人富有的大同社会,推进了盛唐文化中的英雄主义精神。

这可能也是中国古典诗词的和谐意蕴所具有的现代意义与价值吧——使现代人读后获得心灵的宁静与和谐;调和现代人际关系;启示我们关爱自然,保护生态环境;启示我们尽可能避免战争,向往与追求和平。

## 一、和谐要有感恩之心

良好的心态有利于正确对待客观事物,对健康有益;不良的心态对健康有害，甚至导致疾病。据世界卫生组织的统计，全球完全没有心理疾病的人口比例只有9.5％。有专家保守估计，目前中国大约有2600万人有不同程度的抑郁症；其实每个人都有抑郁情绪，不及时调节就会患抑郁症；预防的主要办法就是要缓解压力，及时调整心理上的不平衡，消除和“转化”不良心理，具体就是要能够知足常乐、达观超脱、宣泄疏导、排遣自娱。

即使人能够活上千年甚至是万年，也不能脱离他所生存和生活的环境。怎样来建设、维护和发展这种和谐的环境，就成为一个现实性和历史性相结合的话题。要有和谐的世界，必不可少的是要有感恩的心。感恩，就像春雨润物，秋风送爽，不仅建筑着我们生活的藩篱，还构建着我们的精神世界。

100多年前，亨利·福特用朴素的语言向人们诠释了一个伟大企业应有的社会责任：“一个好的企业能为顾客提供优秀的产品和服务，而一个伟大的企业不仅能为顾客提供产品和服务，还竭尽全力使这个世界变得更美好。”从2001年的“5.3万资助13名温州高考特困生”，到2010年的“600万资助1200名高考贫困学子”，十年来，“王老吉·学子情”累计捐款近2000万元，成功资助3855名贫困高考生圆梦大学。十年间，许多“王老吉·学子情”受助学子已成为社会的栋梁之才，他们已不仅仅是公益助学的受益者，更是慈善理念的继承者、传播者、推动者。

伴随着公益活动的扩大，“王老吉·学子情”的爱心大家庭也不断扩大。由受助学子自发倡议组成的“爱心大家庭”，不仅聚拢了2001至2010年的所有受助学子，同时也号召更多社会爱心人士参与助学，共同为公益事业贡献力量。从单纯的捐资助学到“受助、自助、助人”三部曲的发展；从单一的受助学子，到不断扩大的爱心大家庭，“王老吉·学子情”成长的每一步，都蕴含了深厚的社会责任感和身怀感恩心的公益理念。

当人们拥有了感恩的心，懂得了感恩之后，和谐就会好似朝升暮落的太阳，无论在哪里，都是一样的光芒万丈。

2004年6月15日，在芬兰埃思市举行的一个仪式上，芬兰技术奖基金会指定时年49岁的蒂姆·伯纳斯－李获“千年技术奖”这一全球最大的技术奖类的首位获得者，并颁发给他100万欧元的奖金。别人都是实至名归，蒂姆是15年以后才名至实归。

天下真有免费的午餐吗？

1989年，如果蒂姆·伯纳斯－李为自己发明的万维网申请了知识产权，那么如今的互联网世界将完全是另外一个模样。但蒂姆将自己的发明无私地奉献给了全世界，分文未取。

他给无数人创造了致富的平台，一夜之间，网络公司就风起云涌，一批富翁随之产生，而他自己却一直坚持自己清贫的科研工作，家住郊区，甚至苦于无钱修厨房，连子女上学不便的问题都无法妥善解决。

在他之前，没有浏览器，没有“WWW”，网络世界一片空白。如果当初为了谋取个人利益，将自己的WWW设想乃至后来的万维网申请知识产权和专利，如今的互联网世界将不可想象。

有很多人说蒂姆太傻，放弃了成为超级富翁的机会。但是蒂姆不这样想，他认为对软件的专利保护已经危及到推动互联网技术发展的核心精神。他曾说：“如果有人正在写某个程序，这时后边来了一个人，瞥了两眼就说‘喂，不好意思，你写的程序里从35句到42句我已经申请了专利’，这无疑妨碍了科学技术的发展。如果你认为计算机能做到某件事，就要把这种想法写成计算机程序而实现它。这就是许多伟大的技术发展的灵魂所在……”

也许，在别人看来，蒂姆的举动似乎超凡脱俗。而在蒂姆的眼里，生活也好，生命也罢，就要顺其自然，和谐而安宁。

就像中国杂交水稻之父袁隆平当选为2010年中国心灵富翁榜榜首时，主办方给他的上榜辞中说的那样，“用一粒种子改变了世界”，而那些身怀感恩之心的人，只是“以一介农夫的姿态，行走在心灵的田野，收获着泥土的芬芳”。

总之，无论就人与自然的友好相处而言，还是就社会的和谐发展而言,抑或就个体人格的健康发展而言,人类在21世纪应更需要借助与发扬优秀的中华精神。我们理当拿出自信来,从中国传统文化的人文精神、生存体验与生活睿智中寻找瑰宝,寻找生命力,为当下的生存、现实的关怀、生命的定位、处世的方法、价值的实现、精神的寄托、理想的达成,发挥其价值,建设和谐世界,使人类摆脱生态危机、人文危机、精神危机,实现人类真正的和谐共处、永久和平。

## 二、和谐更需要公平正义

在诗人李白的眼中,与人相交没有权贵高下之分,凡是他认为可以坐下来喝一杯水酒,可以说一段心曲的人都是好朋友,他都会毫不犹豫地拉出五花马,取出千金裘换酒,和他们一醉方休,“同消万古愁”。

今天的我们,更期待一个充满公平正义的和谐社会。然而,更多的时候,我们是被笼罩在一种对现实中的不安和对和谐的期待的氛围中。

2004年9月1日到9月3日,震惊世界的俄罗斯人质危机已经持续了52个小时,武装分子占领了俄罗斯北奥赛迪共和国别斯兰市第一中学,上千名刚参加完开学典礼的学生、家长和教师被赶进体育馆成为人质。他们在两昼夜多的时间里经历了难以忍受的恐惧、饥饿、干渴,一部分人幸运地活了下来,但最终有335人倒在血泊中长眠不醒,其中半数是孩子。

劫后的体育馆已成为恐怖的地狱,屋角的篮球架被烧得乌黑,地上到处都是玻璃碴、弹片和木屑,墙上布满弹孔。屋顶被炸开一个大洞,透过这个大洞,别斯兰的天空蓝得令人窒息。

别斯兰市从来没有像现在这样悲伤过。在人质事件结束第二天晚上,当局允许居民进入这所已经成为废墟的校园,让他们亲眼目睹发生恐怖惨剧的地方，寻找一切对他们来说还有意义的东西。在士兵们排除所有的爆炸物后，工人们开始清理废墟，用推土机将残垣断壁推倒。而别斯兰居民有着一个共同的想法：把整座学校铲平！

然而，人们心中的创痛何时才能抚平？

生活还要继续，反恐正在进行。在21世纪，反对恐怖主义已经成为全球共同面对的重大问题。正如莫斯科市长卢日科夫所说："当年法西斯没有令俄罗斯屈服，今天我们也绝对不会向恐怖主义低头！"这也是全世界爱好和平、渴望和谐的人们的共同心声。

我们同样有理由相信，当天使的哭泣声远去，别斯兰还会充满生机，和平之花将再次绽放。

正像温家宝总理在2010年"两会"落幕的记者招待会上所说："公平正义比太阳还要有光辉。"

在过去还在为如何吃饱肚子发愁的岁月，人们是不大在意什么叫公正和谐的，人们更在意的是如何在物质上脱贫。而现在的一些人却将社会看成了一个名利场，变得唯利是图，钱、权两字成了他们追逐艳羡的东西。在这样的你抢我夺之中，哪里还能顾得了什么公平正义，哪里还会有什么和谐？

然而，渐渐宽裕了的我们发现，金钱成了个怪物，它有时候很可爱，但有时候也很可怕。在没有规则、没有道德、没有公平正义的社会价值观下，围绕着利益的分配，出现了种种矛盾，甚至是许多激烈的冲突与斗争，社会不同利益群体的矛盾激化，导致的后果，不仅仅是破坏和谐，还有无尽的眼泪。

2010年3月22日，澳大利亚力拓公司驻上海代表处员工胡士泰、王勇、葛民强、刘才魁等四人，涉嫌非国家工作人员受贿、侵犯商业秘密犯罪一案，在上海市第一中级人民法院开庭审理。2010年5月，商务部原条法司正局级官员郭京毅因受贿845万余元被判死缓。随着近年来纪检监察系统开展反腐败斗争的不断深化，包括省部级、厅局级官员腐败案越来越"触目惊心"，特别是涉及官员的商业贿赂行为已经成为腐败案件中的重灾区。美国证交会披露，从 2003 年至 2007 年，西门子曾向 5 家中国医院行贿 2340 万美元。与此同时，西门子还通过贿赂中国部分官员，获得了价值 10 亿美元的地铁工程和华南地区两个总价值约为 8.38 亿美元的电力高压传输线项目。

百年跨国企业西门子为什么要在中国行贿？德国外交部对华工作小组主任芮悟峰告诉《中国经济周刊》："许多跨国企业敢于在中国行贿，是因为它们觉得如果不通过行贿很难在'公平'的环境下拿到订单。特别是在很多重大项目的招投标过程中，是否真正按照客观实力获得订单很难做出判断，这导致跨国企业为了生存不得不铤而走险。"

爱立信（中国）政府与公共事务总监赵峻告诉《中国经济周刊》："从内部来说，跨国企业都应该设立内部的商业贿赂管控机制，严防此类行为发生，而从外部环境而言，政府应该营造一个公平和公正的社会环境，减少寻租空间的产生，这是跨国企业所期待的。"

作为发展中的大国，中国不但认识到商业贿赂的严重性，而且积极应对，以确保一个公平正义的竞争环境。据《中国经济周刊》了解，早在 2005 年，中央已经意识到治理商业贿赂活动的必要性，由中央国家机关多个有关部门负责人参加的中央治理商业贿赂领导小组成立，并把办公室设在监察部。近年来将治理商业贿赂放在 6 个重点领域，包括工程建设、土地出让、产权交易、医药购销、物资采购、资源开发与经销，又将银行信贷、证券期货、商业保险、出版发行、体育、电信、电力、质检和环保等 9 个方面纳入治理的重点。

2010 年 8 月中旬，监察部外事局副局长孔祥仁在上海接受《中国经济周刊》采访时表示："营造良好的公平市场环境对于防止商业贿赂等腐败行为至为关键，一旦市场公平的氛围被破坏，很容易造成企业之间通过贿赂来保证其利益兑现，而不再依靠实力来说话了。”目前中纪委监察部正在与全国人大法工委进行接触，考虑在下一次刑法的法条修正过程中，将跨国商业贿赂纳入其中。

正如举世闻名的廉政国家瑞典的贸易联合会国际贸易部部长乌利卡表示，随着经济全球化的发展，为企业和社会创造良好而公平的环境，是我们每个人、每个企业、每个国家需要共同面对和解决的问题。

## 三、余论九则

### 1. 我们的共同家园

地球是我们人类的家园。森林是动物的家园，大树是小鸟的家园，中华大地是我们中国人的家园。每个人都深深热爱着自己的家园，用热血保卫她，用汗水浇灌她，用诗歌赞颂她，用鲜花美化她。只有在大家的共同爱护下，我们的家园才会欣欣向荣，充满活力和阳光。家园兴，则民富；家园强，则民安；家园和，则民谐。

除了我们可见的世俗的家园，我们还拥有心灵的家园。世俗的家园有地域之分，种族之分，贫富之别，精神的家园却干净又透明。我们都是家园里的一分子，都有责任为了家园的繁荣兴盛贡献自我的力量。不仅从物质上为家园添砖加瓦，还要从精神层面上维护优良的传统，主持正义，维护家园的精神法则。

唯有如此，我们才能安享家园，也才能更好地体会家园，我们才能在世界之林中立于不败之地。

### 2. 五十六个民族

“五十六个民族，五十六枝花，五十六个民族是一家”，我们的国家地域广袤、文化多样性丰富，不同民族的文化恰似五颜六色的花朵，绽放在960万平方公里的中华大地上，朵朵鲜花相映成趣，共同点缀着这片充满传奇的土地。这不仅是中国的伟大的创举，也是世界范围内处理民族关系的一朵奇葩！

中国社会文化传统、生活习惯、民族风俗虽百花争艳，各美其美，但每个中华儿女的内心深处，却时时刻刻紧紧连在一起，五十六枝花的根须相互缠绕，抱成一团，深深扎根于中华沃土之上。中国从古至今便有一个优良的传统，“和而不同”“以和为贵”，这样的论断已经成为我们民族的千古名训，深深融入我们民族的血液之中，并代代相传。只要我们心系一处，力系一处，我们的社会便能一方面保持各有特色的差异性，同时又可以心心相印、悲喜与共。这样的大家庭，必然是活力四射、生机盎然，又是团结一心、无往不胜。

3. 我们是兄弟姐妹

我国是多民族国家，几千年来形成的骨肉之情，不仅局限在一个民族、一个地区内部，而是浸润在960万平方公里的中华大地上，流淌在13亿炎黄子孙的血脉中。青海玉树强烈地震发生后，汉族、藏族、回族、维吾尔族、羌族……救援队、解放军、武警官兵、医生、志愿者、僧侣……所有人关注的焦点都集中在一起，所有人的心都紧紧地连在一起；在灾害面前不分军民、不分藏汉，大家一条心、一个目标——坚决战胜自然灾害。明天，一个美丽的新玉树必将在青藏高原挺立，民族团结的格桑花，必将更加美丽地尽情绽放。

2008年，我国成功举办了世界上最大规模的奥运会，取得了史无前例的成功，而奥运会开幕式上的哪一首《You And Me》更是响彻寰宇，“You and Me, From one world, We are family”。如此简单的旋律，质朴的歌词，表现了13亿中华儿女对世界各国人民的深情期盼和诚挚欢迎，也表现了世界各国同属兄妹，世界各地应该大同的良好心愿。

我们都是兄弟姊妹，共居一片土地，同爱一片蓝天！

4. 家和万事兴

“子孝千祥集，家和万事兴”，数千年来，“家和”就是中华百姓们一个朴实的心愿。家在每一个人的心中都是最温暖的心灵港湾，家的和谐、家的幸福、家的快乐、家的美丽、家的团圆、家的喜悦、家的兴盛，就是我们心中最大的愿望。家和是幸福生活的开始，家和是快乐人生的源泉，家和是万事如意的东风，家和是民族昌盛的基础，家和是和谐中国的象征，家和是世界团圆的喜悦。

家庭是社会的细胞，家庭的文明、和谐关系到每个人的幸福；只有赖于每个家庭的稳定，才能实现整个社会的和谐发展。2008北京奥运会，“同一个世界，同一个梦想”让我们感受到了和谐中国的魅力。和谐中国的基础就是家的和谐，只有每一个家的和谐才能实现中国的和谐；和谐社会需要每一个家的和谐，和谐的家永远都是和谐中国的基础，和谐的家也是中华民族繁荣昌盛的基础。只有和谐的家，才有和谐的中国，和谐的世界。

5. 举国和为贵

孟子曾在他的著作中写过这样一句话：“天时不如地利，地利不如人和。”意思就是说，人们去依靠自然或者外界的有利条件，还不如自己首先团结起来，众志成城，只依靠我们能够调动的人的力量去争取胜利。这种力量是最为普通与不显眼，却往往也是最为强大的。

“和”真的是一种平凡却能够产生神奇的状态。小到一个家，大到一国一个社会，如果能够真正的去掌握它的真谛，并在这样的状态下去运转与发展，必能立于不败之地。一个家庭只有家人和睦，各个成员能够心中想着这个家，为了同一个目标去努力，同时和气对人，平心对事，才能够有机会成为名门望族，一方大家。一个国家更是如此。人心向背、和睦与分裂、和谐与争执，这些不仅关系到一个国家能否繁荣稳定，更会决定一个国家能否继续生存下去，屹立于世界民族之林。

6. 共享欢乐

2008年8月，中国人民的百年奥运梦终于梦圆北京，各国的运动员通过公平竞技同台角逐，体育盛宴圆满结束，而和谐奥运的精神也为各国交口称赞。

个人的情感犹如一颗颗跳动的音符，而在与他人的交往与分享中，这些音符最终会组成动人的旋律、华丽的乐章。伯牙善琴，子期善听，正是他们情愿分享对方沉浸在音乐中的欢愉，才会有《高山流水》的传世佳作；他们在互相倾慕中的相知相许，也成为文坛佳话。乐悲共享，胸怀磊落，打开心灵的门窗，缔造爱的人间，和谐思想在我国是源远流长，孔子言“和为贵”，墨子曰“兼相爱”，合群集众，善解能容的理念正如一江春水，发自远古，流向今朝，滋养着广袤的神州大地，孕育出和实生物的华夏气派。共享欢乐，是中华民族历经千世的期冀，而为了这一伟大理想的实现，为了让人间处处能有欢快的歌声，我们的先人呕心沥血，九死无悔。

7. 共享平安

2008年5月的汶川地震确属自然灾害，但人为的因素在其中也有不可推卸的责任；部分建筑施工不达标，敷衍塞责的情形屡见不鲜，安全意识的薄弱也使得这次灾害空前严重。公共安全是相互依赖的，平安的乐园是我们大家共同的期盼，我们应该共同维护我们生存的世界，共享平安的生活。每个人都担负着重大责任，来实现这个梦想，只有我们共同努力，才能实现平安的共有与共享。

平安是福，多么实在的一句俗话，世人却往往难以理解其真谛。桃花源人为避秦乱以寻世外仙境，高祖刘邦休养生息而有文景之治，汉武为消兵戎使昭君出塞，唐皇为得安康遣文成入藏，先人如此重视安乐的意义，难道我们不应该对自己的生存状态予以重视，防患于未然，以求一个平安而幸福的世界吗？共享平安，这才是大治之道，百姓得幸福生活，才能报社稷周全，相反，若是事故不断，治理不堪，没有安全与平安的生活，何谈和谐社会？只要我们筑起安乐家园，让世人共享，那么，世人期待的大同世界为期不远。

8. “大同”—— 活跃社会的每一个细胞

君子和而不同。

社会是由多个系统有机组成的，各个系统间协同运作，社会机器得以正常运行。而社会中最活跃的细胞莫过于“人”了。张张笑脸有着不同的肤色，微笑却是共同语言。各国的文化价值观念不同，而只有在民族间平等地往来之后，人们才开始发现别的民族觉得美的东西自己也觉得美，这就是“美人之美”；这是高一级的境界，是超脱了自己生活方式之后才能达到的境界。再升华一步就是“美美与共”，不仅能容忍不同价值标准的存在，进而能赞赏不同的价值标准，那么就能建立共同的价值。中华民族向来是个包容的民族，所谓“海纳百川，有容乃大”。包容不同的价值观，互相取长补短，是我们的理想境界，是“天下大同”。

君子和而不同，不同而和；这是“大同”的理想。是“大同”，让社会的每一个细胞都活跃起来。

9. 以人为本，和谐社会

在十六届三中全会上，胡锦涛同志曾提出：我们党要“坚持以人为本，树立全面、协调、可持续的发展观，促进经济社会和人的全面发展”。以人为本，是构建和谐社会的核心：“人”既是社会发展的动力之源，又是社会发展的最终目的。构建社会主义和谐社会，就是要让绝大多数人共享社会发展成果，促使人的全面发展。以人为本中的“人”，指的是广大人民群众；“本”指的是发展之本，即实现最广大人民的根本利益是一切发展之根本。

人是社会的主体，社会和谐，关键在人。只有坚持以人为本，才能使一切有利于社会进步的创造愿望得到尊重，创造活动得到支持，创造才能得到发挥，创造成果得到肯定；使一切劳动、知识、技术、管理和资本的活力竞相迸发。只有坚持以人为本，注意妥善协调各方面的利益关系，才能形成及时表达社会利益、有效平衡社会利益、科学调整社会利益的利益协调机制。只有坚持以人为本，才能使全体人民和谐相处，实现整个社会的和谐。

和谐美好的生活是一点一滴构筑起来的。作为一个普通平民，也可以为和谐社会的大厦加砖添瓦：与邻居互道一声早安，与路人多给一丝微笑，与同事多示一份真诚，与穷人多予一些爱心，给周围的人多点关怀友爱。若能如此，大家期盼的和谐社会就能早日实现。

# 结语：品酒话人生，命运自主宰

# 一、随时随地都可以起跑

要想成功，就要给自己一个清晰的定位，就要避免去做大部分人一直在做的事——什么都没做！很多人不能放胆一搏，是因为“害怕”，害怕损失、挫折与失败；而事实上，每一个人都要经历无数的挫折和失败，最后的成功正是由无数失败的经验教训促成的。想成功，就必须正面看待生命中的各种挑战，珍惜时间，放胆追求梦想。因为，成功的人都是自己的教练，起跑的发令枪紧握在自己手中，随时随地地都可以起跑。

许多人认为，成功一定要具备一定的条件，诸如资金、厂房、技术。但很多成功者在最初并不具备充分的条件，却成功了。原因很简单，他们在别人还在积攒条件的时候，就已经利用现有的条件着手实践了。很多公司的外派人员都有类似的经验：外派工作最大的收获就是随时随地地快速学习、历练与成长。因为每天都有机会接触到不同的环境、人和事，每天都在面对不同的挑战，每个挑战都不一定在预料之中，所以，每个外派人员都会像弦上之箭，随时射出。而恰恰是这种不可预订地点和时间的挑战，令他们能快速地定位，快速地成长，快速地获得成功。

吉利集团有限公司董事长李书福的创业之路，可以说是随地随时起跑，敢于面对挑战。1982 年，19 岁的李书福刚高中毕业，就用父亲给的 120 元钱买了台照相机；在公园里给游客照了半年相后，用赚到的 1000 元开了家照相馆。他在洗相的过程中发现，用一种药水浸泡，可以把废弃物中的金银分离出来。虽然照相馆的生意很好，但李书福认为这是个商机。于是他毅然关掉照相馆，投资一万元，专心致力于这个项目。

1984 年，李书福有一次去一个小鞋厂定做一双皮鞋，发现鞋厂的 4 个工人都在给冰箱做一种组件。那时候，冰箱在北方一些城市还供不应求。李书福回家后也开始生产这种冰箱零部件。他自己一个人生产，然后装在包里，骑自行车把零部件送到冰箱厂。后来，李书福和几个兄弟成立了冰箱配件厂。在生意红火的时候，他却决定要自己生产冰箱。1986 年，李书福在自己研发、生产出电冰箱关键零部件蒸发器后，组建了黄岩县北极花电冰箱厂，生产北极花电冰箱。1989 年，26 岁的他已成为千万富翁。

按一般人的想法，李书福应该知足享受了。但他却怀揣上千万元来到深圳，在各大高校进修，为了能说一口流利的英语。在此之后，李书福随时随地将创新的新想法、新点子和发现的新产品、新工艺付诸于生产和市场。他创设和组建了吉利集团，拥有八个系列 30 多个整车产品的完全知识产权。2009 年，吉利成功收购沃尔沃，李书福成为全球的焦点。但李书福的成功也并非一帆风顺，1992 年，他在海南房地产的投资中就大败而归；2001 年，进军中国足坛也折翼而归。对此，他说："失败，这些都是实践的过程，这些是在学校里学不到的。"

李书福虽然一贯有着强烈的进取欲望，却不会想入非非好高骛远，并非预先确定好人生的宏伟蓝图，所以不会脱离实际，而只是用眼睛紧紧地盯着看得见的目标，随时随地将之付诸实践。他不会因为已经取得不菲的成就而沾沾自喜，也没有那种浅薄的虚荣俗气与自得心性。这样的成功具有恒久的生命力。

北京恒基伟业电子产品有限公司总裁张征宇对此的理解更加深刻：要始终把鞋子穿在脚上，面对变化，随时起跑。从"科技让你更轻松"、"呼机、手机、商务通一个都不能少"，到"成功的足迹"和"商务通 A 计划"，这些当年轰轰烈烈的口号让今天的人们记忆犹新。他曾仅用 3 年就将一个产品销售额做到 10 亿元以上，抢占了 50%的市场份额，被当时的业界称为"一个商业神话背后的英雄"。

张征宇读本科时学的是导弹，博士研究的是"多体系流动力学"。按现下年轻人主流的就业观，他今天应该坐在某国防机关的研究所里。但他不但创立了曾经雄霸一时的商业王国,还在为创设另一个更为辉煌的神话而奋斗,以至于在接受记者采访时,张征宇还拿着恒基伟业的产品滔滔不绝地做推介。正是在这种时刻起跑的意识下,在 PDA 市场日渐萧条时,他带领恒基伟业果断地进军手机市场。2000 年恒基伟业与西门子签约合作开发掌上电脑通讯类产品,2001 年 11 月,恒基伟业作为第一个 PDA 厂商拿到了信产部颁布的 PDA 入网许可证。2002 年 10 月推出手机商务通 M9058。2003 年 9 月,恒基伟业再次推出重头产品——采用微软 SmartPhone 为平台的一款 PDA 手机,即 SMART388A。

苹果电脑公司首席执行官史蒂夫·乔布斯(Steve Jobs)说:"生命短暂,不要浪费时间活在别人的阴影里,也不要盲从跟随教条,让别人的噪声压过自己的声音。"

2005 年 7 月 19 日,在事业上正如日中天的微软全球副总裁李开复,毅然离开了待遇相当优厚的微软,转投 Google。随后,李开复被微软以违反竞业禁止协议告上华盛顿州的法庭。在一片质疑、声讨、不解声中,李开复用搜检 30 万封邮件内容来证明自己的清白。李开复平静地说:"我必须听从我心中的声音。我的心告诉我:Google 和中国,这才是追随我心的选择。"不管在李开复的选择之后是什么样的原因,这件事情都像一面凸透镜,凸显了"从心选择"的强大力量——当所有的风暴过去,剩下的只有更加坚强的生命、更加坚定的意念、随时起跑的激情。

因为,没有人能够决定我们的未来,如果人生是一部电影,我们就是导演,剧情要如何安排,全赖我们自己的规划和实施,这与金钱、地位、年龄和外界的条件无关,只要起跑,就能赢得成功。

## 二、自己给自己定位

每个人的梦想,都随着自我思想的完善而不断改变,人生定位也随着自己思想的成熟而慢慢确定下来。李白的《将进酒》,不仅是一篇咏酒言志的诗篇,也是诗人借酒探讨人生的佳作。如何度过一个有意义的人生,是每个人都必然要考虑的问题,而给自己一个准确而具有时代性的定位,则决定了人生能否成功。

自我定位,首先是人格上的定位。古人崇尚“一日三省”,实际上就是人格定位的不断完善。做一个什么样的人?怎样做人?为什么要养成这样的品格?过怎样的人生才是一个幸福的人生?这取决于对待人生的态度。大多数人都期望一边努力赚取财富,一边努力实现梦想,同时过着美好快乐的生活。但也有不少人不这么认为。台湾作家龙应台曾说:“在一个文化厚实深沉的社会里,人懂得尊重自己——他不苟且,因为不苟且所以有品位;人懂得尊重别人——他不霸道,因为不霸道所以有道德;人懂得尊重自然——他不掠夺,因为不掠夺所以有永续的智能。”在对待财富和幸福的态度上,拥有千万甚至亿万资产的富翁,有钱不一定快乐;刚能温饱的平民百姓,也许幸福感很强。从某种意义上说,财富的单位应该是快乐幸福的程度,能够快乐自在、助人为乐的人便是富翁。

其次,对职业的定位也非常重要。虽然职业既不像家庭那样成为我们出生后固有的独特的社会结构,也不像货架上的商品,可以供我们随意挑选;但它更像一位朋友或合作伙伴,既存在,又不一定在眼前,与其结识除了机缘,更需要自我奋斗。

一个人从学校毕业,如果25岁进入职场,65岁退休,职业生涯可长达40年,几乎占掉了2/3的人生。面对职场,有必要按照职业生涯规划理论加强对自身的认识与了解,找出自己感兴趣的领域,确定自己能干的工作也即优势所在,最重要的是明确在职业上的自我目标,明确“我能干什么?”“社会可以提供给我什么机会?”“我选择干什么?”“我怎么干?”等问题,使理想可操作化,为融入社会提供明确方向,建立自己独特的价值以及别人无法取代的核心专长。

苹果电脑公司首席执行官史蒂夫·乔布斯(Steve Jobs)从小特立独行,很早就给自己的人生和职业定位,大学只念了半年,就被学校“请出”大门。退学以后,他和另一名也叫做“史蒂夫”的伙伴史蒂夫·沃兹尼亚克(Steve Wozniak)在自家的车库内共同创办了苹果电脑公司,从此改写了人类使用电脑的历史。乔布斯在硅谷著名的斯坦福大学毕业典礼上对那群优秀的年轻人说道:“人生有时就像掉了块砖头砸到你,但不要失去信心。最重要的是,一定要找到自己的热爱,并且要有勇气跟着内心的直觉,自始至终地相信它。这种做法从未让我失望,更丰富了我的生命。因为仰视的人生视觉和时时学习时时总结的人生态度,会决定一个人的成功。”

然而,事物总在变化中。职场中也需要因时因地不断地重新对自己定位。如果把人比作一个装水的桶,往往是那些尚未装满水的水桶才能装上水,因为它们有更多的空间。所以,习惯总结、愿意从别人身上吸取营养、具有团队精神、时刻学习的人,才能更快地成长。李开复曾经告诫过年轻人,找出自己喜欢的工作之后,应该朝这个方向全力发展;但每隔三年到五年,一定要回头问问自己,是否仍未改变初衷?是应该继续待在原来的位置更上一层楼,还是考虑跳槽换跑道?如此不停地自我检视,才能更清楚自己的价值观。他在大学毕业前夕,就给自己一个定位——摆脱贫穷,赚钱改善家境。于是他考虑本土企业一般给薪不高,而且很多要靠人事背景,于是就想进入待遇比较好又可以凭自己的本事升迁的外企发展。但当他顺利地考进了IBM,如愿以偿工作了17年后,李开复发觉自己的工作不再具有挑战性。于是他重新对自我定位,最后下决心离开,去追求心中下一个最爱。他加入了微软,在中国大陆工作的两年中,感受到中国的活力,感受到自己对中国的感情,也让他体验到从无到有创建一个机构的成就感。通过这次选择,他逐渐意识到自己喜欢做的事情和自身的优势。李开复调回微软总部后,他深刻地认识到与其在一个庞大的机构里当一个随时可被替换的“光鲜零件”，不如利用深刻理解中国和美国文化的优势，在中国做开创性的工作。

事实证明，这次的定位又一次为他赢得了成功。2005 年 7 月 19 日，李开复离开了微软，加入了 Google。2009 年 9 月，辞去谷歌大中华区总裁的李开复选择自己创业，终于实现了自己的梦想。

作为一个创业者，李开复也经历过迷茫期。在 2009 年 9 月创新工场成立时，主要是自己规划项目。最初 4 个月里，创新工场里并没有一个创业者，而是带着一批年轻的工程师在孵化项目，搞得非常疲惫。经过最初的弯路之后，创新工场开始调整策略，重心放在寻找创业者上面，向更纯粹的投资人角色转变。无论怎样，每一次新的定位，对李开复都是一次凤凰涅槃般的重生。虽然每次当他想换跑道的时候，周围很多人都会怀疑并且提出警告，劝他不要轻举妄动。但是李开复总是认为，假设一个人可以活到 75 岁，这么长的时间，千万不要白走，要勇敢追梦。万一不慎跌倒了，才知道该从哪里爬起来；即使输了，也能知道下次该如何改进。

正如李开复认为的那样：这个世界上没有所谓的“零风险”，每一件事的背后，都隐含了正反两面的思考。因此，每个人每天都在做决定，每天都在冒险，每天都得去开启“未知”的门，每天都在审视和坚持自己的定位。重大的放弃与选择之后，将迎来一片新的世界。

# 附录

## 品酒者应知的美酒学

### ——从葡萄的坎坷一生说起

愚心明　葛慧珠

葡萄树，不似其他的树木，有各种各样美丽的名称。无论在哪里，他们都以朴素的形象出现。它们并非是中国古老的作物，却能从一而终，在中华的大地上生息繁衍。

试想，穿着大汉服饰的张骞在“胡天八月即飞雪”的西域里惊鸿一瞥地发现葡萄之后，这种独特的植物就开始在古老的中华文明中展示其独特的风雨传奇。

当时葡萄树作为一种罕有的物种被带了回来，为高居庙堂的皇帝证明西域的辽远和与众不同。之后，它就被随意的抛洒栽种。

没有肥沃的土壤，没有安逸的环境，葡萄的一生，如同一个伟男子，顺着时光的脚步，留下一道淡淡的痕。从破土萌发伊始，葡萄树就已定势：向着天空，自由发展。它不能如野地中的花花草草，随性而长，自开自落。它尽力舒展：或如老树盘根虬然，或如秀女凭栏，纤巧披离，或如百泉喷涌，款式百样——这样的美，超凡脱俗，属于名画，属于诗，属于某个过去或将来的传说时代……

反之，葡萄树开花，不似牡丹的喧宾夺主，不似梅花的冰霜傲骨，却是非常的朴实无华，甚至渺小得令人几乎不能辨别。也许只有在阳光明媚的某个时刻，在那不经意的回眸中，会忽然发现它的存在:原来,葡萄的花也有着甜蜜的花蕊。然而,葡萄花开不过一日,便萎谢了它的颜色。世人实在不必替它抱屈:那云英未落尽,果实已成荫这样的风采,舍了葡萄树,谁敢再立山巅?

葡萄树的生长,从来就不得随心所欲。它们总是被绑置在高高的木架或灰白色的水泥柱上,褪色的布条、粗细不均的线绳、甚至是铁丝,都是捆绑它们肢体的"刑具"。似乎,它该哭泣,该申诉,该反抗!但是,它没有!既然不能自由选择,就不能遇难思迁,得横下心来,向厚土深深地扎根,吸取大地的养分,就得向天空努力生长。

当风停雨住、星辰满天之时,葡萄树会如一位妙龄女子,轻轻地舒展被捆定的肢体,沿着身下丑陋的木架,用满身的嫩枝细苗,袅袅地绘出美丽的图画,迎接着每一个新的生命的开始。在葡萄树的生活中,似乎不要惊涛骇浪,不要刻骨铭心,只是在碧空白云下,享受生的乐趣,长的甘美。

但是,葡萄园的主人,看管葡萄的园工,却并不会让它们自由自在地生长。他们带来了各种各样的刈剪,修刀,毫不留情地在青翠的绿枝之间剥夺葡萄树的"骄傲"——他们要让葡萄树按照自己的意愿来生长。这些工人,戴着遮阳的草帽,沾满泥土的大手高举着工具,令一枝枝翠绿的葡萄枝条坠落——留在葡萄树上的切口又深又准。

不管葡萄的心中多么哀伤——也许,世人看不见它们的哭泣,但那断裂的枝叶中滴落的绿色浆液是它们晶莹的泪珠——它们依然默默无语。看上去,葡萄树是那么的懦弱:不但不敢自怜身世,反而把曾向着天空的高昂的头低下,把曾经着力伸展的枝条柔顺地送到冷峻的剪刀下,把曾经向阳光炫耀过的嫩叶洒落到园工沾满泥土的脚边……为何?纵然是断肢损叶它也心甘情愿?没有回答,世人只见葡萄树在被修剪一通之后,抖擞掉所有的枝叶,迎着风,微微起舞——那是一种多么朴素的情怀:只要能够结出累累果实,形体受损又何妨?

假以时日，世人必将看到，葡萄树是如何在静谧的夜色中休养自己受伤的肌体：那些被无情的剪刀剪断的枝条，切口处虽然尚是疤痕累累，却渐渐地显出坚硬的木质，足以抵挡风雨；那些米粒般大小的果实渐渐长大，颗颗饱满似绿色的小豆子。但是，仿佛是天嫉红颜，刚刚欣喜的葡萄树还没有来得及从劫后余生的欢欣中醒来，太阳又用它炎热的金箭，紧紧地刺向它娇弱的躯体，想要榨出葡萄树体内的每一滴水分。于是，葡萄树的枝叶开始褪色枯萎，开始败落凋零，但那隐藏在枝叶中的葡萄，却在岁月变迁中，悄悄地穿上了盛紫的袍服，如等待做新嫁娘的女子，满心欢喜地等候丰收的日子。

人人都以为葡萄树自此之后，可以静待欣慰。毕竟它为了能够结出果实，已经失却了太多太多，已经等待了足够长的时光。但它枝上成串的葡萄果粒累累悬垂，压得它挺不起坚实的脊梁。这固然是经历了风霜雪雨，度过了无数苦难得来的成功，也是经历了长期努力，接受了方方面面的精雕细磨之后的成果；但它只能欣慰一时——收成的日子虽然转瞬就到，却不是特别为它而设。

一串又一串晶莹饱满的葡萄，被芊芊素手采摘下来，还来不及相互比较谁的颜色最好，转眼间就被抛入了榨酒的机器之中。一双双脚，或是终日劳作的男子，或是翩翩起舞的女子，或是调皮的幼儿，欢笑着叫嚷着跳了进来，把葡萄一粒一粒地踩成紫色的汁液。葡萄树所有的宝藏，就在于能够酿成美酒。经过压榨、提炼，丰富甘美又红如玛瑙的葡萄酒，才是葡萄树毕生的骄傲。它们似滚滚长江，巍巍昆仑，终日在人世间流传，让喜乐遍撒大地。

回过头来，再去看看那失却了果实的葡萄树，枝叶凋零，凄凄惨惨。如同一个母亲，刚刚抚育孩童成人，却又被生生分离。但是，没有人来理会这一切。人们并没有因为它酿造了美酒而想去补偿它什么。反而，它再次被品尝欢乐的人们修剪，再次失却了光鲜的外表。葡萄树依然默然无语，只是把希望深深埋在心中。

寒冬到来，北风呼啸，冰天雪地。葡萄酿制的美酒甘洌醇香，为忧愁苦闷的人们带来欢乐和希望。但是葡萄树却匍匐在温暖的房子外面，隔着世间的欢乐。根，紧紧地盘卧在坚硬的泥土中；干，牢牢伏贴在冰冷的木架上。它只是忍受，只是独自承受暴风雪一次又一次的袭击。

待到严冬过去，葡萄树又开始准备再次结果。轮回中，它并不因为曾经经历的磨难，就在心中有了埋怨和不甘，也没有曾经因为失却了辛苦结出的果实，而不再为人们做出贡献。过去了的事情，已如云烟；葡萄树还是在春风细雨中重新萌芽生枝，重新绿荫妖娆。

它依然向着光辉的太阳、皎洁的月亮愉悦地生长，仿佛从来没有被世人残酷地剥夺过，从没有被无尽的痛苦折磨过，从没有损失过任何事物。葡萄树的呼吸仍旧清新自然，犹如高天上的流云，不沾染半点俗世的不洁和污秽。即使再次面对牺牲，它也能含笑坦然，毫不犹豫地把它们当作爱的一种表达。

是不是因为葡萄树失却了它华美的枝条、浓密的绿叶、甘美的葡萄果实，就变得非常贫穷了呢？是不是因为葡萄树为了人们能够享有解忧享乐的美酒而舍弃自己的一切就变得微不足道了呢？反之，世间的人不管身份高低、贫富差别，都可以尽情畅饮美酒，都可以因着葡萄美酒而欢乐。他们是否会因为享受到欢乐，就会变得更加富有呢？不是的。衡量生命价值、人生意义的原则，在于舍弃而不在于获得。不是去看我们喝了多少美酒，而要看将美酒分享给多少人；爱的能力，因爱的舍弃，而愈多愈大。人会因爱，受的苦难越多，越深，而会越懂得给予，也越会在实际中毫不计较地给予。

世人如葡萄树。观其一生：对待自己最严苛的人，最容易被人尊重；对待自己最狠的人，最能安慰痛苦的心灵；不懂得为了爱而舍弃自我的人，就如同响钹、鸣锣一样，空有其音而腹中无物；不懂得因爱而救人的人，终生不得享最高的福乐。

# 葡萄一生的事

——金·汉弥尔敦夫人(Mrs. Hamilton King) 著

倪柝声 译

1. 我们现在默思葡萄一生的事：
其路并不容易，其境也不安逸；
生长不像野地野花，随地随意自由吐华；
生成曲径迷堂，生成款式百样。

2. 反之，葡萄开花，非常渺小无华；
人几不能辨省，它竟也曾有英；
花尚未曾开得一日，即已迅速结为果实，
不得成为骄葩，自感丰姿可夸。

3. 它是拴在桩上，不能随意生长；
它如伸肢展臂，也是架上被系；
它就如此从了砾土，吸取它的养生食物；
不能自由拣选，不能遇难思迁。

4. 是的，绿衣秀美，春地披上明媚；
因着生命丰裕，自然生长有余；
直至满身嫩枝细苗，开始四向飘浮盘绕；
在于青蓝空中，尝其甘美无穷。

5. 但是园主、园工，对它并不放松；
带来刈剪、修刀，要剥它的骄傲；

毫不顾惜它的细嫩,将它割得又深又准,
所有多余美穗,尽都断折破碎。

6. 在它损失期间,它并不敢自怜,
乃是反将自己,更为完全彻底
交付给那剥夺所有,使它成为虚空的手;
它不浪费生活,一切都为结果。

7. 那些流血的枝,渐变坚硬木质;
那些存留的穗,也渐结果累累;
太阳又来迫它枯干,它叶开始败落四散,
使它果子盛紫,直至收成之日。

8. 它因负重过甚,以致无枝不沉;
这是长期努力,受尽琢磨来的;
现今果实已经全美,自然它可欣喜自慰;
但是收成就到,欣慰日子何少!

9. 有手要来摘下,有脚要来践踏,
葡萄所有宝藏,在于酒醉之上,
直到丰富、血红的酒,浩荡有如长江大流,
终日涌溢不息,喜乐充满大地。

10. 但是葡萄形状,乃是剥光凄凉:
已经给了一切,又将进入黑夜,
却无谁人向它偿还,它所给人酣醉之欢,
反而将它再砍,使成无枝秃干。

11. 然而全冬之间，它酒却赐甘甜，
给那寒冷之中，忧郁愁苦之众；
但是葡萄却在外面，孤独经历雪地冰天，
坚定忍受一切，一切可疑、难解！

12. 直到寒冬已过，它又预备结果，
重新萌芽生枝，再来放绿成姿；
不因已往所受磨难，心中有了埋怨不甘；
不因所失无限，而欲减少奉献。

13. 它的所有呼吸，尽是高天清气，
并不半点沾染，不洁属地情感；
面向牺牲，依然含笑，再来接受爱的剥削，
有如从未遇过损失、痛苦、折磨。

14. 葡萄从它肢枝，流酒、流血、流汁，
是否因已舍尽，它就变为更贫？
世上醉人、人间浪者，从它畅饮，因它作乐，
是否因了享福，他们就变更富？

15. 估量生命原则，以失不是以得；
不视酒饮几多，乃视酒倾几何；
因为爱的最大能力，乃是在于爱的舍弃，
谁苦受得最深，最有，可以给人。

16. 谁待自己最苛，最易被人选择；
谁伤自己最狠，最能擦人泪痕；
谁不熟练损失、剥夺，谁就仅是响钹、鸣锣；
谁能拯救自己，谁就不能乐极。